Stephan Lehr

Experimentelle und theoretische Untersuchungen zur Wärmeübertragung an einem kleinen Hubkolben-Luftverdichter

TUD*press*

Stephan Lehr

Experimentelle und theoretische Untersuchungen zur Wärmeübertragung an einem kleinen Hubkolben-Luftverdichter

TUDpress

2011

Die vorliegende Arbeit wurde am 23.08.2010 an der Fakultät Maschinenwesen der Technischen Universität Dresden als Dissertation eingereicht und am 15.03.2011 verteidigt.

Vorsitzender der Promotionskommission:
Prof. Dr.-Ing. Uwe Gampe

Gutachter:
Prof. Dr.-Ing. habil. Gotthard Will
Prof. Dr.-Ing. Olaf Strelow

Bibliografische Information der Deutschen Nationalbibliothek
Die Deutsche Nationalbibliothek verzeichnet diese Publikation in der Deutschen Nationalbibliografie; detaillierte bibliografische Daten sind im Internet über http://dnb.d-nb.de abrufbar.

Bibliographic information published by the Deutsche Nationalbibliothek
The Deutsche Nationalbibliothek lists this publication in the Deutsche Nationalbibliografie; detailed bibliographic data are available in the Internet at
http://dnb.d-nb.de.

ISBN 978-3-942710-55-8

Verlag der Wissenschaften GmbH
Bergstr. 70 | D-01069 Dresden
Tel.: 0351/47 96 97 20 | Fax: 0351/47 96 08 19
http://www.tudpress.de

Gesetzt vom Autor.
Printed in Germany.

Experimentelle und theoretische Untersuchungen zur Wärmeübertragung an einem kleinen Hubkolben-Luftverdichter

Von der Fakultät Maschinenwesen

der

Technischen Universität Dresden

zur

Erlangung des akademischen Grades

Doktoringenieur (Dr.-Ing.)

angenommene Dissertation

Dipl.-Ing.(FH) Stephan Lehr

geb. am: 14.05.1978, in Erfurt

Tag der Einreichung: 23.08.2010
Tag der Verteidigung: 15.03.2011

Gutachter
Prof. Dr.-Ing. habil. Gotthard Will
Prof. Dr.-Ing. Olaf Strelow

Vorsitzender der Promotionskommission
Prof. Dr.-Ing. Uwe Gampe

Danksagung

Diese Arbeit entstand während meiner Tätigkeit an der Fakultät Maschinenwesen der Technischen Universität Dresden. Mein Dank gilt:

- Prof. Dr.-Ing. habil. Achim Dittmann, für die Möglichkeit, eine Arbeit an der Technischen Universität Dresden zu beginnen, für das Interesse und die angebotene Hilfe sowie der Foron-Stiftung für die finanzielle Unterstützung beim Beginn der Arbeit,

- Prof. Dr.-Ing. habil. Gotthard Will, für die Übernahme des Referates, die ausführlichen privaten sowie fachlichen Gespräche, die Argumentation und Gegenargumentation, des einen oder anderen „spendierten" Satzes – vor allem aber dem Streichen überzähliger Wörter, sowie Frau Will, für die Versorgung bei meinen „Hausbesuchen",

- Prof. Dr.-Ing. Olaf Strelow, als Co-Referent und wahrer Konstanten in meinem beruflichen Leben,

- Prof. Dr. sc. techn. Hans H. Quack, als sehr Interessierten und Förderer der Arbeit, sowie dafür, dass ich diese Arbeit durchführen durfte, gewissermaßen „an seiner Statt",

- Dr. rer. nat. et Ing. habil. Christoph Haberstroh, für sämtliche Hilfe, ein auch zu spätester Stunde stets offenes Büro und ganz kurzfristige Rücksprachen,

- Prof. Dr.-Ing. Ullrich Hesse für die Vertragsverlängerung, sowie die Möglichkeit die strömungsmechanischen Ergebnisse zu veröffentlichen,

- Prof. César J. Deschamps, Ph.D für die Erfahrungen an der Universidade Federal de Santa Catarina (UFSC) in Florianopolis, Brasilien und die Erkenntnis, dass Santa Catarina in der Tat eine Insel ist,

- Dipl.-Phys. Olaf Bielmeier, für die Unterstützung der Fa. Hoerbiger Kompressortechnik, Schongau, bei der Beschaffung von Untersuchungsobjekten und für das persönliche Interesse am Projekt,

- Dipl.-Ing. Maik Kühne, für die Erklärungen der experimentellen Vorgehensweise und der Messtechnik,

- Dr.-Ing. Jörg Nickl, für den maßgeblichen Hinweis, dass für die Berechnung des Verdichterarbeitsraums der 1. Hauptsatz der Technischen Thermodynamik genutzt wird sowie für die Unterstützung beim Entwicklungsprojekt „CO2 – Zahnradpumpe" zur Finanzierung der Arbeit,

- Dipl.-Ing. (FH) Mario Wenzel, für die erste Korrektur der Arbeit, die kritischen Anmerkungen, sowie den fachlichen und privaten Beistand durch eine ungezählte Anzahl von Gesprächen,

- Dipl.-Ing. (FH) Anke Klemm, für die Bearbeitung der Abbildungen und ein ums andere Mal den nötigen Beistand bei der Rechentechnik,

- den Kollegen für die Zeit am Lehrstuhl für Technische Thermodynamik, besonders Frau Petra Dittrich und Dr.-Ing. Jens Meinert,

- den Kollegen am Lehrstuhl der Bitzer Stiftungsprofessur für Kälte- und Kompressorentechnik, vormals Kälte- und Kryotechnik für die Zusammenarbeit und ihre Geduld,

- den Mitarbeitern des Labor- und Versuchsfeldverbundes Mollier-Bau, unter der Leitung von Dipl.-Ing. (FH) Christiana Sperling, speziell Volker Wagenführ, Uwe Posselt, Joachim Koch und Ralf Sterzik,

- den Studenten bzw. jetzigen Mitarbeitern. Hier vor allem Sarah Helbig, die mir mit der Literaturstudie viel Zeit gespart hat. Ebenso Robin Langebach für den ersten Einblick, die Rückfragen und Hilfen bei der Strömungssimulation. Weiterhin Philipp Benjack und Gregory Schwieker für die experimentellen Ergebnisse. Schlussendlich ebenfalls Mathias Kurras für die Kleinarbeit bei der Temperaturfeldberechnung,

- meiner Frau, Mandy Lehr, für ihre Unterstützung und die Erziehung der Kinder. Meiner ältesten Tochter Miriam (5), dafür, dass ich ihr „allerliebster Papa“ bin und ihre liebenswerte Art „mein Kind“ zu sein. Meiner Tochter Emma (†), dafür, dass ich sie dennoch immer im Herzen tragen kann. Meiner jüngsten Tochter Thalia (2½), für jedes knuddeln und jedes „Papa, weißt du…“,

- weiterhin einer sehr guten Freundin, Dipl.-Ing. Johanna Tschiesche, geb. Cziurlok, für all ihre Hilfe. Ebenso Dipl.-Ing. Friederike Kind, für den gedanklichen Austausch, das gemeinsame Erlebnis meiner allerersten Wanderung durch die Sächsische Schweiz und endloses „zuhören“.

Für Miriam, Emma (†) und Thalia.

Formelzeichen

Lateinische Buchstaben

A	Fläche	m^2
C, $C_{1,2}$	Konstante, Strahlungsaustauschkoeffizienten	-, $W{\cdot}m^{-2}{\cdot}K^{-4}$
H	Enthalpie	J
Nu	Nusselt-Zahl	-
P	Leistung	W
Pr	Prandtl-Zahl	-
Q, $\dot{Q}$	Wärme, Wärmestrom	J, W
Re	Reynolds-Zahl	-
T	Temperatur	K
V	Volumen	m^3
W	Arbeit	J
a	Anzahl	-
c_p	spezifische isobare Wärmekapazität	$kJ{\cdot}kg^{-1}{\cdot}K^{-1}$
d	Zylinderdurchmesser	m
m	Konstante, geförderte Masse	-, kg
$\dot{m}$	Massestrom	$kg{\cdot}s^{-1}$
n	Konstante, Anzahl, Drehzahl	-, -, min^{-1}
n_r	Polytropenexponent Rückexpansion	/
p	Druck	Pa, bar
p_S	Ansaugdruck	Pa, bar
p_D	Enddruck	Pa, bar
$\dot{q}$	Wärmestromdichte	$W{\cdot}m^{-2}$
s	Kolbenhub, Entropie	m, $kJ{\cdot}kg^{-1}{\cdot}K^{-1}$
t	Temperatur	°C
w	Geschwindigkeit	$m{\cdot}s^{-1}$
w_t	spezifische Arbeit	$kJ{\cdot}kg^{-1}$
y^+	dimensionsloser Wandabstand	-

Griechische Buchstaben

α	Wärmeübergangskoeffizient, Durchflussbeiwert	$W{\cdot}m^{-2}{\cdot}K^{-1}$, /
β	Volumenausdehungskoeffizient	K^{-1}
λ	Wärmeleitfähigkeit	$W{\cdot}m^{-1}{\cdot}K^{-1}$
λ_h	Ausnutzungsgrad	/
λ_V	Volumenfaktor	/
λ_p	Druckfaktor	/
λ_m	Massefaktor	/
λ_f	Feuchtigkeitsgrad	/
λ_T	Temperaturfaktor	/
η	dynamische Viskosität	$kg{\cdot}m^{-1}{\cdot}s^{-1}$
π	Druckverhältnis	/
ρ	Dichte	$kg{\cdot}m^{-3}$
τ	Zeit	s

Indizes

AR	Arbeitsraum
DK	Druckkammer
DL	Druckleitung
D, DS	Druckstutzen
EV	Expansionsvorgang
Füllung	Füllung des Zylinders
Hub	Hubvolumen
KV	Kompressionsvorgang
L	Leckage
LW	Ladungswechsel
Rückexp.	Rückexpansion
SK	Saugkammer
S, SL	Saugstutzen, Saugleitung
SV	Saugventil(durchgang)
Zyl	Zylinder
cf-1, cf-2	durch Ventilverhalten verursachter Füllungsverlust
d	(gefördert) dichte Maschine
ges	gesamt
i…n	Anzahl von … bis …
ind	indiziert
0	Schadraumvolumen
1	Verdichtungsbeginn
12, 23, 34, 41	Kompressions-, Ausschiebe-, Expansions-, Ansaugvorgang

1. Einleitung

Verdichtete Gase finden sich in vielen Bereichen des Lebens und sind dort zum Teil nicht mehr wegzudenken (z.B. Medizin, Transport, Energieversorgung). Die Verdichtung dieser Gase erfolgt durch den Einsatz spezieller Arbeitsmaschinen, der Verdichter oder Kompressoren. Da der für die Verdichtung nötige Energieaufwand nicht zu unterschätzen ist – so beispielsweise für die Erdgas- oder Druckluftversorgung – und der Bedarf wächst, ist es notwendig, die Effizienz der Verdichter zu erhöhen. Ziel der Hersteller ist, neben der Senkung des Energiebedarfs, auch die Senkung der Gesamtkosten. Das ist durch Verringerung der Baukosten und Verlängerung der Lebensdauer ihrer Produkte zu erreichen.

Für die Verdichtung kommen verschiedene Prinzipien der Energieübertragung auf das Gas zum Einsatz. So lassen sich durch den Einsatz von Turboverdichtern, das sind Strömungsmaschinen mit dynamischer Energieübertragung, hohe Volumenströme erreichen, wobei die Druckerhöhung durch die zulässigen Geschwindigkeiten begrenzt ist. Eine andere Möglichkeit ist die Anwendung von Kolbenverdichtern, das sind Verdrängermaschinen, welche einen volumetrischen Kompressionsprozess in einem abgeschlossenen Verdichtungsraum realisieren. Dadurch ist eine wesentlich größere Druckerhöhung – beispielsweise 3500 bar in der Polyethylenproduktion (Hypercompressor) – möglich, wobei die Volumenströme durch die Baugröße begrenzt sind.

Die Erfahrungen mit Hubkolbenverdichtern reichen mehr als 100 Jahre zurück. Deshalb sind die Maschinen dieser Bauart bereits auf hohem technischem Niveau. Da jedoch die Anforderungen weiter steigen, wird trotz des hohen Entwicklungsstandes nach Möglichkeiten zur Verbesserung gesucht. Hubkolbenverdichter zur Drucklufterzeugung in einem Nutzfahrzeug (Bremsluftverdichter) sind sehr kompakt und veränderlichen Anforderungen hinsichtlich Drehzahl und Druckerhöhung ausgesetzt. Interessant ist die Verbesserung dieses Verdichtertyps wegen seiner starker Verbreitung im Transportwesen und seiner Bedeutung für die Verkehrssicherheit.

Aufgrund aktueller Fragen der Industrie widmet sich diese Arbeit speziell der Thermodynamik des Zylinderkopfes eines Bremsluftverdichters. Die dort auftretenden Wärmeströme haben Einfluss sowohl auf die Fördermenge und die Effizienz als auch auf die Lebensdauer und Sicherheit, wurden aber bislang wenig beachtet, da das Thema „Wärmeübergang im Ansaug- und Druckbereich" infolge des transienten Arbeitsprozesses des Verdichters erhebliche Anforderungen an die experimentellen und theoretischen Untersuchungsmethoden stellt. Die bisherigen Untersuchungen hinsichtlich des Wärmeübergangs am Verdichter wurden im Wesentlichen auf den Arbeitsraum beschränkt und der Einfluss des Ansaug- und Hochdruckbereichs zum großen Teil vernachlässigt.

Die Ziele dieser Arbeit bestehen darin, das Betriebsverhalten des Verdichters sowie spezifische Teilvorgänge zu untersuchen. In dieser Arbeit werden experimentelle und theoretische Erkenntnisse kombiniert, da sowohl die experimentellen als auch die theoretischen Untersuchungsmethoden an Grenzen stoßen, sich jedoch gegenseitig ergänzen. Weiterhin ermöglichen die Ergebnisse der theoretischen Betrachtung eine Verallgemeinerung der Erkenntnisse und die Ergebnisse der experimentellen Betrachtung eine unmittelbare und praktisch interessierende Aussage. Zudem validieren sie die theoretischen Ergebnisse.

Im Folgenden wird die Vorgehensweise zum Erreichen dieser Ziele in den einzelnen Kapiteln kurz beschrieben.

Im zweiten Kapitel werden zunächst die thermodynamischen Vorgänge im Arbeitsraum des Verdichters, einschließlich ihrer Verlustanteile dargestellt. Ferner wird das Auftreten von Wärmeströmen im Verdichter, deren Wirkung im Allgemeinen und ihre Berechnung im Speziellen beschrieben.

Im dritten Kapitel wird anhand von ausgewählten Beispielen die Betrachtung der Wärmeströme im Verdichter in der einschlägigen Literatur aufgezeigt. Ebenfalls wird auf die in der Literatur beschriebenen Möglichkeiten zur Beeinflussung der Wärmeströme in einem Hubkolbenverdichter näher eingegangen.

Im vierten Kapitel werden der Versuchsstand, der weitgehend der Druckluftanlage eines Nutzfahrzeuges (LKW) entspricht, sowie der untersuchte Bremsluftverdichter beschrieben. Die Bedingungen für die durchgeführten Experimente werden im Einzelnen mit den jeweiligen Veränderungen am Design bzw. den Betriebsbedingungen beschrieben und dienen dem Zweck der Gesamtbetrachtung des Verdichters. Eine Veränderung bzw. Verbesserung wird anhand wichtiger Kennwerte des Verdichters dokumentiert.

Im fünften Kapitel werden die Randbedingungen zur Strömungsberechnung bereitgestellt. Weiterhin wird die Berechnung der Strömung und des Temperaturfeldes im Zylinderkopf erläutert. Dabei wird auf die Annahmen und Vereinfachungen bei der theoretischen Behandlung der Strömung und des Wärmetransports im Festkörper eingegangen.

Im sechsten Kapitel werden die Ergebnisse der experimentellen Untersuchungen diskutiert. Hierzu werden die festgestellten Veränderungen gegenüber dem Originalzustand, anhand der integralen Kennwerte, dargestellt.

Im siebten Kapitel erfolgt die Auswertung der Strömungssimulation hinsichtlich der Wärmeübergangszahlen für die Saug- und die Druckkammer. Zudem wird die Zusammenführung der experimentellen und theoretischen Ergebnisse anhand des Temperaturfeldes diskutiert.

Im achten Kapitel werden Empfehlungen ausgesprochen sowie Schlussfolgerungen gezogen.

2. Energieübertragung und Wärmeströme im Hubkolbenverdichter

2.1 Idealisierte und reale Vorgänge im Arbeitsraum

Im Folgenden werden die thermodynamischen Vorgänge am Bespiel des untersuchten Luftverdichters besprochen. Dieser Verdichter zeichnet sich durch Verwendung einer Ventilplatte mit Lamellenventilen aus (Abbildung 6). Dieses Bauteil stellt die obere Begrenzung des Arbeitsraumes dar und enthält sowohl das Saugventil als auch die Druckventile. Sämtliche Ventile sind Lamellenventile, also dünnes Stahlblech verschiedener Stärke und Kontur. Eine Besonderheit der verwendeten Ventilplatte stellt der eingebrachte Kühlkanal dar.

In Abbildung 1 ist der Arbeitsprozess des betrachteten Verdichters in einem p,V-Diagramm (Indikatordiagramm) dargestellt.

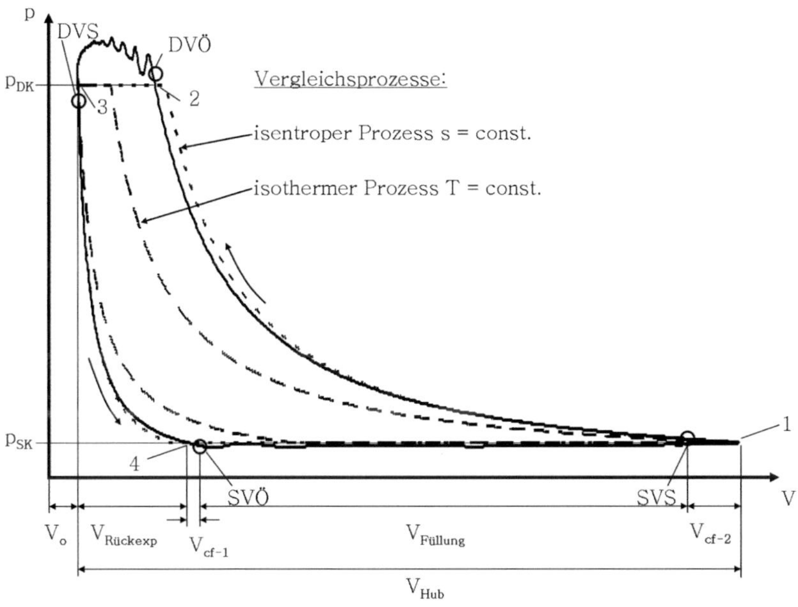

Abbildung 1: Arbeitsprozess bei 750 min^{-1}, incl. Vergleichsprozesse

Auf der Abszisse des Diagramms ist das Volumen des Arbeitsraums abgetragen. Das Volumen V_{Hub} wird durch den Kolbendurchmesser und den Hub bestimmt. Der Schadraum, V_0, ist das Volumen, das durch einen konstruktiv bedingten Spalt zwischen dem Kolben und der Ventilplatte (Kolbenunterstand) sowie die Ventildurchgänge entsteht. Dieser Schadraum ist in Punkt 3, dem oberen Totpunkt, mit Hochdruckgas gefüllt. Weitere kenntlich gemachte Volumen, wie das bei der Rückexpansion entstehende $V_{Rückexp}$ sowie die wirkliche Füllung $V_{Füllung}$ sind z.B. abhängig von der Drehzahl und dem Ventilverhalten. Die Volumen V_{cf-1} und V_{cf-2} stellen eine Reduzierung des Füllungsvolumens bei jedem Ansaugvorgang dar, welche durch das Verhalten der Saugventillamelle beim Öffnen – z.B. durch Ölkleben – und beim Schließen – z.B. Spätschluss – verursacht wird.

Auf der Ordinate ist der Druck abgetragen, wobei hier der Druck in der Saugkammer p_{SK} und in der Druckkammer p_{DK} wegen der Erklärung am speziellen Beispiel verwendet wird. Das Verhältnis von Druck- zu Saugkammerdruck wird als Druckverhältnis π bezeichnet.

Die Beschreibung des Arbeitsprozesses beginnt zu dem Zeitpunkt, an dem sich der Kolben im oberen Totpunkt befindet (Punkt 3). Von hier aus beginnt die Rückexpansion, sobald sich der Kolben in Richtung des unteren Totpunktes bewegt.
Bei diesem Vorgang reduziert sich der Druck im Arbeitsraum bis unter den Druck der Saugkammer p_{SK} (Punkt 4), welcher im idealen Fall ohne Druckverluste im Ansaugbereich dem Druck am Saugstutzen p_S entspräche. Dadurch strömt Gas, sobald sich das Saugventil öffnet, in das sich weiter vergrößernde Volumen des Arbeitsraumes ein. Im unteren Totpunkt (Punkt 1) wird das Arbeitsraumvolumen maximal. Sobald sich der Kolben wieder nach oben bewegt verkleinert sich das Volumen, der Saugventildurchgang wird durch die Sauglamelle verschlossen und die Kompression beginnt. Erreicht der Druck im Arbeitsraum einen Wert oberhalb des Druckes in der Druckkammer p_{DK}, welcher im idealen Fall – ohne Druckverluste im Hochdruckbereich – gleich dem Druck am Druckstutzen p_D ist, so öffnet das Druckventil. Das Gas wird in die Druckkammer und anschließend in die Druckleitung und zum Verbraucher geleitet. Aufgrund des Schadraumes kann nicht alles Hochdruckgas zum Ende des Verdichtungsvorgangs durch die Druckventile ausgeschoben werden. Ein kleiner Teil verbleibt im Schadraum und wird beim nächsten Zyklus wieder expandiert. Die Summe der beschriebenen Vorgänge ist das Arbeitsspiel des Verdichters, wobei die Diagrammfläche ein Maß für die indizierte Arbeit darstellt.

Im Folgenden sollen die Unterschiede zwischen dem realen und einem idealisierten Arbeitsspiel verglichen werden. Begonnen wird mit den Vorgängen des Ansaugens und Ausschiebens, welche gemeinsam als Ladungswechsel bezeichnet werden. Durch die Druckverluste hierbei erhöht sich der Arbeitsaufwand, was durch die Flächen unter- bzw. oberhalb der Kammerdrücke p_{SK} und p_{DK} veranschaulicht wird. Saugseitig wird der Ansaugdruck p_{SK} unterschritten, weil die Druckverluste im Saugventil überwunden werden müssen. Bei Öffnen des Saugventils kommt es zu einer weiteren Druckabsenkung in der Saugkammer, wenn eine längere Gassäule in der Saugleitung beschleunigt werden muss. Verringert wird dieser Effekt durch ein größeres Volumen der Saugkammer, welche als Puffer wirkt. Beim Ausschieben liegt der Druck im Arbeitsraum oberhalb des Druckes in der Druckkammer p_{DK}, da Drosselverluste im Druckventil entstehen.

In Abbildung 1 ist eine Druckpulsation während des Ausschiebens bzw. auch des Ansaugens (letzteres nur bei Vergrößerung des Maßstabes der Ordinate) erkennbar. Diese Druckänderungen sind auch mit einer Änderung des Ventilhubes (Ventilflattern) verbunden. Das Ventilflattern führt zu einer Verringerung des Zeitquerschnittes, das heißt des Integrals der Ventilspaltfläche über der Zeit und damit zu einer Erhöhung des mittleren Drosselverlustes. Abbildung 2 zeigt das am Beispiel der im Rahmen dieser Arbeit kapazitiv gemessenen Sauglamellenbewegung [1].

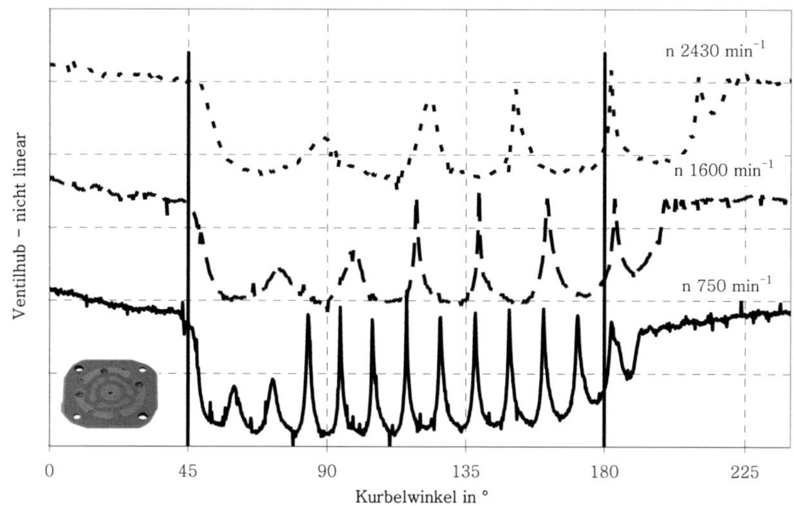

Abbildung 2: Ventilflattern und Spätschluss am Beispiel der Sauglamelle für verschiedene Drehzahlen [2]

Aus dem Diagramm ist zu erkennen, dass das Saugventil bei jeder untersuchten Drehzahl über den unteren Totpunkt hinaus geöffnet bleibt. Dieser Fakt wird als Spätschluss bezeichnet, wobei in Abbildung 2 zu erkennen ist, dass der Spätschluss bei allen drei untersuchten Drehzahlen auftritt. Selbst bei der Nenndrehzahl von 2430 min^{-1}, also dem Auslegungspunkt des Ventils, ist das Saugventil mehr als 30° nach dem unteren Totpunkt noch nicht wieder geschlossen. Bis zum vollständigen Schließen der Saugventillamelle wird angesaugtes Gas wieder zurück in den Saugbereich geschoben, wodurch sich die vom Verdichter geförderte Masse reduziert. Ein Spätschluss auf der Druckseite (DVS nach Punkt (3)) hat den Effekt, dass nach dem oberen Totpunkt heißes Gas aus der Druckkammer in den Zylinder strömt, was zusätzlich zu der im Schadraum befindlichen Masse expandiert werden muss und so zu einem späteren Öffnen des Saugventil führt.

Zum Vergleich wurde in Abbildung 1 auch die ideale isentrope und die ideale isotherme Zustandsänderung, bei isobarem Ladungswechsel, eingetragen. Durch die begrenzte Wärmeabfuhr aus dem Arbeitsraum wird der reale Prozess nur geringfügig in Richtung des isothermen Prozesses, welcher auch dem geringsten Energieaufwand entsprechen würde, verschoben. Er wird angestrebt, jedoch praktisch nicht erreicht, da dieser Vorgang reversibel unendlich langsam ablaufen [3, 4] müsste, aber der reale Prozess in relativ kurzen Zeitintervallen abläuft. Der Zustandsverlauf des untersuchten Verdichters liegt somit wesentlich näher am isentropen Prozess.

Nicht jeder Einfluss auf den Arbeitsprozess ist aus dem Indikatordiagramm zu entnehmen. So ist die Leckage vom/zum Arbeitsraum nicht immer und eindeutig erkennbar.

2.2. Wirkung und Bilanzierung der Wärmeströme

Ein Wärmestrom $\dot{Q}$ ist eine pro Zeiteinheit übertragene Wärmemenge. Dieser Wert kann flächenbezogen als Wärmestromdichte $\dot{q}$ dargestellt werden. Der Vorgang der Wärmeübertragung findet aufgrund von Temperaturunterschieden statt, wobei der Wärmestrom vom Ort höherer zum Ort niedrigerer Temperatur gerichtet ist. Es wird grundsätzlich zwischen Wärmetransport durch Leitung, Konvektion und Strahlung unterschieden.

Die Wärmeleitung, in Gleichung (1) für den stationären Fall nach dem Fourier'schen Ansatz dargestellt, erfolgt durch interatomaren Energietransport im festen oder fluiden Körper und ist abhängig von dessen Wärmeleitfähigkeit λ und vom Temperaturgradienten.

$$\dot{q} = -\lambda \cdot \mathrm{grad}\, t \qquad \text{Gl. (1)}$$

Der konvektive Wärmeübergang, in Gleichung (2) mit dem Newton'schen Ansatz dargestellt, ist ein an Massetransport gebundener Vorgang, welcher zwischen fluiden Medien und festen Wänden stattfindet, wobei die Strömungsverhältnisse entscheidend sind.

$$\dot{q} = \alpha \cdot \left| \left(t_{Fluid} - t_{Wand} \right) \right| \qquad \text{Gl. (2)}$$

Diese und weitere Einflüsse werden vom Wärmeübergangskoeffizienten α erfasst, der durch eine funktionale Abhängigkeit dargestellt werden kann.

$$\alpha = f(w, t, \eta, \rho, \lambda, c_p, \beta, \mathrm{Geometrie}) \qquad \text{Gl. (3)}$$

Bei der Wärmestrahlung erfolgt der Energietransport durch elektromagnetische Wellen zwischen thermisch angeregten Körpern, ohne dass ein Trägermedium benötigt wird. In Gleichung (4) ist der Strahlungsaustausch zwischen Flächen beschrieben, wobei im Strahlungsaustauschkoeffizienten $C_{1,2}$ die Emissionskoeffizienten, Flächenverhältnisse und Einstrahlzahlen berücksichtigt werden.

$$\dot{q} = C_{1,2} \cdot \left[\left(\frac{T_1}{100} \right)^4 - \left(\frac{T_2}{100} \right)^4 \right] \qquad \text{Gl. (4)}$$

Die Wärmestrahlung wird in dieser Arbeit nicht betrachtet, da sich die Bauteiltemperaturen nicht stark voneinander unterscheiden und auf einem verhältnismäßig niedrigen Niveau liegen. Auch ist Luft als gefördertes Medium kein aktiver Strahler. Durch diese Annahme vereinfachen sich die Betrachtungen in dieser Arbeit auf die Wärmeleitung in Festkörpern und den konvektiven Wärmeübergang zwischen Fluiden und Festkörpern.

Die im Verdichter auftretenden Wärmeströme werden in Abbildung 3, am Beispiel der in dieser Arbeit untersuchten Bauart eines Hubkolbenverdichters, dargestellt (incl. gekühlte Ventilplatte \\\). Die Quelle der Wärmeströme ist der sich im Arbeitsraum ständig wiederholende Kompressionsvorgang, wobei über den bewegten Kolben

Energie zugeführt wird und die Temperatur des geförderten Mediums abhängig vom Druckverhältnis ganz erheblich ansteigen kann.

Die in Abbildung 3 dargestellten Wärmeströme gelten (mit der eingezeichneten Richtung) für einen stationären Betriebspunkt, wobei außer im Arbeitsraum (AR) keine Richtungsänderung auftritt. Die Richtung der Wärmeströme, von Bereichen höherer Temperatur zu Bereichen niedrigerer Temperatur, lässt sich zu einer konvektiven Wärmeübertragung von den Begrenzungen der Saugkammer (SK) auf das angesaugte Gas und von dem in die Druckkammer (DK) ausgeschobenen Gas auf die Begrenzungen der Druckkammer zusammenfassen. Weiterhin tritt an der äußeren Kontur zur Umgebung hin, sowie hin zum Schmieröl im Kurbelraum, ein Wärmestrom auf. Im Arbeitsraum wird es, durch stark schwankende Temperaturen des Fördermediums während eines Arbeitszyklus, auch im stationären Betriebspunkt zu einer Richtungsänderung der Wärmeströme kommen. Die im Festkörper auftretenden Temperaturdifferenzen führen zu Wärmeströmen durch Wärmeleitung.

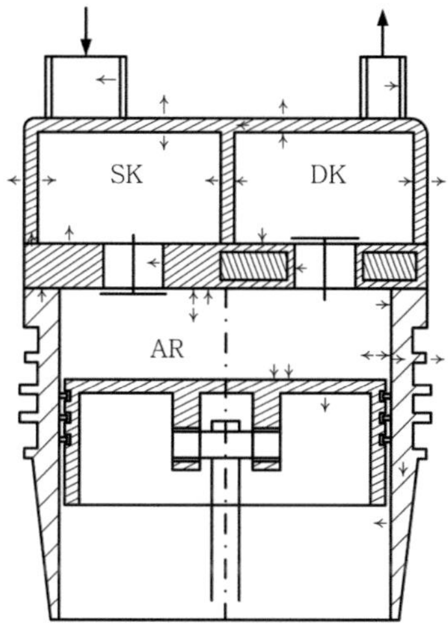

Abbildung 3: Wärmeströme am Untersuchungsobjekt - schematisch

Die auftretenden Wärmeströme haben wie erwähnt verschiedene Richtungen und auch verschiedene Auswirkungen während des Arbeitsspiels. So führt die höhere Temperatur der Saugkammerbegrenzungen durch konvektive Wärmeübertragung zu einer Temperatur- und Enthalpieerhöhung des angesaugten kühleren Gases auf dem Weg vom Saugstutzen durch die Saugkammer und das Saugventil in den Arbeitsraum. Das ist, aufgrund der dadurch verringerten Dichte und einer geringeren geförderten Masse, bei gleichem Arbeitsraumvolumen ein ungewollter, weil verlustbehafteter Effekt. Die einzige Ausnahme hierbei sind Gase, welche auskondensierbare Bestandteile enthalten oder wie Kältemittel möglicherweise zweiphasig in den Verdichter eintreten und so durch die Aufheizung des Sauggases ein Tropfenschlag vermieden werden kann. Weiterhin wird während des Ansaugvorgangs im Arbeitsraum, bis zum Schließen des Saugventils, Wärme an das Gas übertragen, was die Dichte weiter verringert.

Während der Verdichtung, sowie in umgekehrter Reihenfolge bei der Expansion, wird Wärme von der warmen Arbeitsraumbegrenzung an das Gas übertragen, bis die Temperatur des Gases beim Verdichtungsvorgang so weit angestiegen ist, dass sie oberhalb der Bauteiltemperaturen liegt und sich die Richtung des Wärmestromes umkehrt (siehe Abbildung 3). Ab diesem Moment wird das Gas bei der Kompression gekühlt. Die Wärmeübertragung während des Verdichtungsvorganges wirkt sich auf die benötigte Verdichtungsarbeit aus.

Die Kühlung des Gases findet nun bis zum Ende des Arbeitsspiels statt. Danach wird das Gas beim Ausschieben in die Druckkammer weiter abgekühlt. Auch in der Druckkammer wird es durch die kühleren Wände gekühlt, bis das Gas den Druckstutzen erreicht hat. Der weitere Weg in der Druckleitung wird als Nachkühlung angesehen und ist nicht Thema der vorliegenden Arbeit.

Für die Bilanzierung der Energieumsetzung des Verdichters kann der Wärmestrom in die einzelnen auf Bauteile bezogenen Wärmeströme unterteilt werden. In Abbildung 4 ist das Prinzip dargestellt, wobei sich die Bezeichnung der Wärmeströme auf die Bauteile bzw. im Arbeitsraum auf die Punkte des Arbeitsprozesses im Indikatordiagramm (Abbildung 1) bezieht.

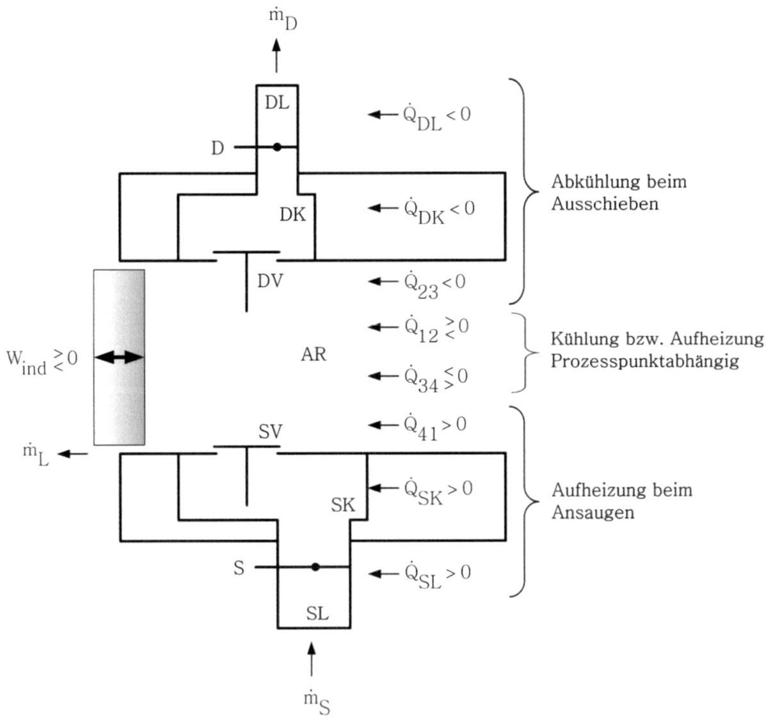

Abbildung 4: Bilanzierung der Wärmeströme für einen stationären Betriebspunkt

Der Wärmestrom der Saugleitung $\dot{Q}_{SL} > 0$ kann durch die Gleichung (5)

$$\dot{Q}_{SL} = \alpha_{SL} \cdot A_{SL} \cdot \left(T_{SL} - T_{Gas}\right) \qquad \text{Gl. (5)}$$

bestimmt werden. Hierbei wird zur Bestimmung des Wärmeübergangskoeffizienten häufig auf Formeln aus Standardwerken, wie den VDI-Wärmeatlas [5], zurückgegriffen. Genauer berücksichtigt werden sollte jedoch, dass bei kurzen Saugleitungen die Strömung noch nicht ausgebildet ist und in jedem Fall, wie auch auf der Druckseite, von teilweise erheblichen Pulsationen beeinflusst wird.

Für die Saugkammer wird der zugeführte Wärmestrom $\dot{Q}_{SK} > 0$ in dieser Arbeit genauer untersucht. Der Wärmestrom wird so aufgeteilt, dass die Summe des Wärmestromes der einzelnen Kammerwände i = 1⋯n durch

$$\dot{Q}_{SL}(\tau) = \sum_{i=1}^{n} \alpha_{SK,i} \cdot A_{SK,i} \cdot \left(T_{SK,i} - T_{Gas}\right) \qquad \text{Gl. (6)}$$

beschrieben werden kann. Die Wärmeübergangskoeffizienten $\alpha_{SK,i}$ in der Saugkammer werden durch Strömungssimulationen berechnet.

Die Wärmeströme im Arbeitsraum, abhängig vom Prozesszeitpunkt, lassen sich näherungsweise bei der schrittweisen Berechnung des Prozesses ermitteln. Hierbei ist der Wärmestrom beim Ansaugen $\dot{Q}_{41} > 0$ an der Sauggaserwärmung beteiligt und positiv. Der beim Ausschieben auftretende Wärmestrom $\dot{Q}_{23} < 0$ wird vom Gas an die Arbeitsraumbegrenzungen übertragen. Beide werden in dieser Arbeit als Wärmestrom beim Ladungswechsel innerhalb des fünften Kapitels berechnet. Sie bilden ein Teilergebnis bei der Berechnung der Randbedingungen zur Strömungssimulation. Die Wärmeströme für die Kompression $\dot{Q}_{12} \gtrless 0$ und die Expansion $\dot{Q}_{34} \lessgtr 0$ wechseln, abhängig von der Gas- und Arbeitsraumwandtemperatur, das Vorzeichen. Auch diese in den folgenden Gleichungen dargestellten Wärmeströme werden für den Prozess berechnet

$$\dot{Q}_{41}(\tau) \text{ und } \dot{Q}_{23}(\tau) = \alpha_{LW} \cdot A_{AR} \cdot \left(T_{Wand} - T_{Gas}\right) \qquad \text{Gl. (7)}$$

$$\dot{Q}_{12}(\tau) = \alpha_{KV} \cdot A_{AR} \cdot \left(T_{Wand} - T_{Gas}\right) \qquad \text{Gl. (8)}$$

$$\dot{Q}_{34}(\tau) = \alpha_{EV} \cdot A_{AR} \cdot \left(T_{Wand} - T_{Gas}\right) \qquad \text{Gl. (9)}$$

wobei der Wärmeübergangskoeffizient eine prozessabhängige Größe ist. Die Berechnung der Wärmeströme im Arbeitsraum dient in dieser Arbeit nur der Ermittlung der Randbedingungen für die Strömungssimulation in der Saug- und Druckkammer.

Für die Druckkammer wird der abgeführte Wärmestrom $\dot{Q}_{DK} < 0$ in dieser Arbeit ebenfalls genauer untersucht. Der Wärmestrom wird auch hier so aufgeteilt, dass die Summe des Wärmestromes der einzelnen Kammerwände, ähnlich wie in der Saugkammer, von i = 1⋯n durch

$$\dot{Q}_{DK}(\tau) = \sum_{i=1}^{n} \alpha_{DK,i} \cdot A_{DK,i} \cdot \left(T_{DK,i} - T_{Gas}\right) \qquad \text{Gl. (10)}$$

betrachtet wird.

Die Druckleitung ist ebenfalls kälter als das ausgeschobene Gas, wodurch auch hier weiter Wärme abgeführt, $\dot{Q}_{DL} < 0$, wird. Dabei wird der Wärmestrom analog zur Saugleitung bestimmt durch

$$\dot{Q}_{DL} = \alpha_{DL} \cdot A_{DL} \cdot \left(T_{DL} - T_{Gas}\right). \qquad \text{Gl. (11)}$$

Der Wärmeübergangskoeffizient α_{DL} kann ebenfalls, analog zur Saugleitung, für eine Strömung durch Rohre nach Standardwerken wie dem VDI-Wärmeatlas bestimmt werden, ist jedoch beeinflusst von den Pulsationen des intermittierend fördernden Verdichters.

In dieser Arbeit werden im theoretischen Teil der Untersuchungen die Wärmeübergangskoeffizienten für die Saug- und die Druckkammer in Gleichung (6) und Gleichung (10) näher betrachtet sowie die auftretenden Wärmeströme berechnet.

3. Stand der Technik

3.1 Zur Erfassung der Wärmeströme

3.1.1 Allgemeines Herangehen und Berechnung für Ansaug- bzw. Druckbereich

An die Analyse der Strömungs- und Wärmeübergangsvorgänge in Hubkolbenverdichtern wird in der Literatur unterschiedlich herangegangen, da es schwierig ist, die instationäre turbulente Strömung im Verdichter hinsichtlich des Wärmeübergangs zu erfassen. Eine allgemeingültige Betrachtung erscheint auch wegen der variablen Geometrie der verschiedenen Bauarten von Hubkolbenverdichtern nicht möglich. Insbesondere ist es schwierig, die schnelle Zustandsänderung des Gases im Arbeitsraum hinreichend genau zu erfassen.

Prinzipiell sind für den Wärmeübergang alle vom Gas durchströmten Bereiche des Verdichters relevant.

Der erste Teil des Wärmeübergangs führt zur Sauggasaufheizung im Ansaugbereich und den Saugventilen. Der Ansaugbereich wird je nach Verdichtertyp unterschiedlich weit gefasst. So zählen in Kältemittelverdichtern auch die Motorkühlung oder das durchströmte Außengehäuse eines hermetischen Verdichters zum Ansaugbereich [6].

Der zweite Teil der Wärmeübergangsvorgänge ist der „regenerative" Wärmeübergang zwischen den Arbeitsraumwänden und dem Gas, dessen Richtung während des Arbeitsspiels wechselt.

Der dritte Teil des Wärmeübergangs ist die Kühlung des Druckgases beim Ausschubvorgang im Hochdruckbereich. Dieser besteht aus den Druckventilen und der Druckkammer. Ungünstig, da die Sauggasaufheizung verstärkend, ist bei kleinen Verdichtern der häufig vorkommende thermische Kurzschluss zwischen der Saug- und der Druckkammer, wenn diese nur durch eine einfache Trennwand voneinander getrennt sind.

In der Regel konzentrieren sich Arbeiten zum Thema auf einen speziellen Verdichterteil hinsichtlich der Wärmetransportvorgänge, während andere stark vereinfacht oder ganz vernachlässigt werden. Im Folgenden werden die Literaturstellen nach den untersuchten Baugruppen geordnet. Die vorgenommene Auswertung der Literatur erhebt dabei keinen Anspruch auf Vollständigkeit und chronologische Reihenfolge. Es soll lediglich ein Einblick in verschiedene Untersuchungsmethoden und Untersuchungsgegenstände, einschließlich der vorgenommenen Vereinfachungen, gegeben werden.

Es kommt im Hubkolbenverdichter immer zu Aufheizungs- und Abkühlungseffekten, wobei eine Gesamtbetrachtung aller Wärmetransportvorgänge in einem hermetischen Kältemittelverdichter in [7] für stationäre Betriebsbedingungen vorgenommen wurde. Diese Untersuchung ist durch eine wesentliche Geometrievereinfachung und eine zeitunveränderliche Bauteiltemperatur, ohne Temperaturverteilung im Bauteil, gekennzeichnet. Die berechneten Temperaturen wurden zur Designverbesserung verwendet und stimmen mit einem Fehler von 10 % mit den gemessenen überein, wobei die Abweichungen auf die aus der Literatur entnommenen Korrelationen zurückgeführt werden.

Im Folgenden werden Arbeiten betrachtet, die sich mit der Aufheizung bzw. Abkühlung in den zu- und abführenden Rohrleitungen beschäftigen. Dass es einen Einfluss der Saugleitung auf die Aufheizung des Sauggases gibt, und z.B. die Länge der Saugleitung damit in Bezug steht [8], steht außer Frage. Ebenso ist ein Einfluss der Materialeigenschaften der Druckkammer untersucht worden [9].

In der Literatur wird meist auf bereits vorhandene Ansätze zur Ermittlung des Wärmestromes bzw. Wärmeübergangskoeffizienten zurückgegriffen (wenn das untersuchte Thema ein anderes als die Wärmeübertragung im Ansaug- oder im Druckbereich des Verdichters ist). Oft wird trotz des instationären Strömungsvorganges mit Formeln für eine stationäre, turbulente Rohrströmung durch Rohre [10, 11, 12] bzw. einen konzentrischen Ringspalt [13], oder manchmal auch nach Standardliteratur ohne Angabe des verwendeten Ansatzes [14, 15] gearbeitet. Dies geschieht mangels vorhandener Korrelationen für den instationären Vorgang, der überdies noch von Pulsationen beeinflusst ist. In [16] wird vermutet, dass der Wärmeübergang bei instationärer Strömung ansteigt. Andere Literaturstellen erwähnen die Wärmeübertragung, ohne genauer auf ihre Berechnungen einzugehen [9, 17]. Weitere Möglichkeiten sind der Verzicht auf die Berechnung der Temperaturerhöhung im Ansaugbereich, wobei dann eine gemessene Temperatur als benötigte Randbedingung eingesetzt wird [18, 19], oder die Anwendung eines konstanten Wärmeübergangskoeffizienten, wie in [13] für die Druckkammer. Es gibt aber auch Arbeiten, welche die experimentelle Ermittlung [20] bzw. nachfolgende Berechnung [16] des Wärmeübergangs im Saugbereich anstreben. Die dabei auftretenden Messunsicherheiten führen zu der Schlussfolgerung, dass weiterer Bedarf nach Detailuntersuchungen besteht [20].

3.1.2 Berechnungen für Ventile und Arbeitsraum

Eine Wärmeübertragung erfolgt auch in den Ventilen. Hier treten im Verdichter die größten Geschwindigkeiten auf, wodurch der Wärmeübergang begünstigt wird und sich speziell im Saugventil die Gastemperatur weiter erhöht. Im Druckventil hingegen kann sich durch Wärmeübertragungsvorgänge das verdichtete Gas stark abkühlen, wenn die dafür erforderliche Temperaturdifferenz und Wärmeübertragungsfläche vorhanden ist. Ist das nicht in ausreichendem Maße gegeben bzw. besteht die Möglichkeit einer zusätzlichen Kühlung, so lässt sich die Temperaturdifferenz durch gekühlte Druckventile erhöhen [21].

Werden experimentelle oder numerische Untersuchungen zur Strömung in Ventilen durchgeführt, dann meist mit dem Ziel, die Strömungsverluste zu minimieren und die Ventilbewegung zu optimieren, wobei der Wärmeübergang häufig vernachlässigt wird [12, 22, 23, 24].

Statt direkter Messungen des Wärmeübergangs an Ventilen, für die es unter anderem wegen der geringen Abmessungen keine geeigneten Wärmestromsensoren gibt, wird mit der Analogie des Stoffübergangs gearbeitet (z.B. Naphtalensublimationtechnik) [6]. Auf diesem Weg sind außerdem eine Unterteilung des Wärmeübergangs im Ventil in einzelne Bereiche (Lamelle, Lamellensitzfläche, Ventilplatte) und die Ermittlung zugehöriger Nusselt-Zahlen möglich.

Der Wärmeübergang im Arbeitsraum von Hubkolbenmaschinen wird seit langer Zeit untersucht. Deshalb sind viele Messungen des Zylinderwärmestromes durchgeführt und eine große Anzahl von Berechnungsformeln erstellt worden. Auch hier gibt es bislang keine allseits zufriedenstellende Formulierung, denn auch ohne die in Motoren stattfindende Verbrennung, hat das instationäre Strömungsfeld im Verdichterarbeitsraum eine komplizierte dreidimensionale Struktur.

Für Verbrennungskraftmaschinen werden die Zustandsänderungen im Arbeitsraum nahezu seit Beginn ihrer Entwicklung betrachtet [Clerk 1906, Nusselt 1923, Eichelberg 1939]. An dieser Stelle werden deshalb nur die in den Standardwerken [25, 26] geläufigsten Korrelationen genannt. Sie gehen auf Annand 1963, Woschni 1967, Hohenberg 1980 und Bargende 1991 zurück. Einen Überblick über die veröffentlichten Untersuchungen zur Wärmeübertragung im Arbeitsraum von Verbrennungsmaschinen gibt [27, 28].

Als einer der Ersten untersuchte [29] den Wärmeübergang im Arbeitsraum eines Verdichters, wobei allgemein die Strahlung wegen des geringen Temperaturniveaus als vernachlässigbar angesehen wird. Die vermutlich erste empirische Korrelation, basierend auf dem Ansatz nach Nusselt ($Nu = C \cdot Re^{n} \cdot Pr^{m}$), für den Wärmeübergang im Verdichterarbeitsraum wurde von [30] aufgestellt und ist noch heute, nach fast 40 Jahren, in Gebrauch [7, 31]. Es wird dort bereits darauf hingewiesen, dass alle Gleichungen – auch die Korrelationen einer eigenen Literaturstudie – Konstanten enthalten, die für den jeweiligen Anwendungsfall experimentell ermittelt werden müssen. Auch Korrelationen anderer Autoren für das jeweils „eigene" Untersuchungsobjekt [32] werden von anderen [33] angewendet oder es werden Wärmeübergangskoeffizienten experimentell ermittelt [34]. Ebenfalls werden für Verdichter Korrelationen verwendet, die für den Wärmeübergang in der Verbrennungsmaschine [19, 35] entwickelt wurden. In anderen Fällen wird keine Angabe über den verwendeten Ansatz gemacht [8, 36] oder aufgrund der großen Arbeitsfrequenz die Wärmeübertragung im Arbeitsraum vernachlässigt [12].

In [37] wird auf den Fehler durch Vernachlässigung der instationären Effekte hingewiesen. Durch die Anwendung einer komplexen Nusseltgleichung werden von [38] mit den so berücksichtigten instationären Effekten bessere Ergebnisse erzielt als mit einer herkömmlichen Nusseltgleichung. Allgemein bestehen die Schwierigkeiten bei der Ermittlung allgemeingültiger Korrelationen für den Wärmeübergang der stark instationären Vorgänge in Kolbenmaschinen nicht zuletzt darin, dass die meisten verwendeten Kennzahlen aus der theoretischen Analyse der stationären Wärmeübertragung abgeleitet werden. Unterschiedliche Modelle weisen nach Aussage von [39] deshalb Werte für den Wärmeübergangskoeffizienten aus, die sich bis zum Faktor zehn voneinander unterscheiden. Der deshalb vorgeschlagene Weg berücksichtigt die Konvektion nur durch eine Korrektur der als Haupteinfluss formulierten instationären Wärmeleitung im Gas. Ein heute übliches Vorgehen ist die Untersuchung der Vorgänge im Arbeitsraum durch die numerische Simulation der Strömung [8, 18, 40, 41, 42, 43], wobei je nach Zielstellung der Wärmeübergang berücksichtigt oder vernachlässigt wird. Im einfachsten Fall wird ein polytroper Prozess angenommen [14, 44], wobei die Polytropenexponenten beispielsweise aus gemessenen Indikatordiagrammen ermittelt werden oder adiabate Kompression angenommen wird.

Schlussendlich ist zu erkennen, dass für die Betrachtung des Wärmeübergangs im Arbeitsraum noch keine einheitliche mathematische Formulierung gefunden wurde. Ebenfalls gibt es unterschiedliche Haltungen zur Notwendigkeit der Betrachtung des

Wärmeübergangs im Arbeitsraum. Einerseits gibt es Arbeiten, die eine Verbesserung der Berechnungsprogramme für den Prozessablauf durch Berücksichtigung des Wärmeübergangs in Frage stellen und eine Überbewertung des Einflusses vermuten [13]. Andere treten für eine Vernachlässigung ein, da die Komplexität ein Problem darstellt [12] und es keinen bemerkenswerten Einfluss auf die Verdichterleistung [45] oder die berechnete Füllung [39] gibt. Andererseits sind die Autoren [14, 34, 35, 37, 46] für die Betrachtung von Wärmeübergangsvorgängen und [38] fordert unmissverständlich mehr Forschung auf dem Gebiet „Wärmeübergang im Arbeitsraum".

3.1.3 Untersuchungen für pulsierende Strömung

In einer Hubkolbenverdichteranlage werden Druckpulsationen des Förderstoffes vom intermittierenden Prozessablauf im Arbeitsraum angeregt. Rückwirkend hat die Pulsation des Fluids im Verdichter Auswirkung auf das Arbeitsspiel. Hierzu zählen die Beeinflussung des Ventilhubverlaufs, die Beeinflussung des Ausnutzungsgrades, eine mögliche Beeinflussung des Wärmeübergangs und eine Erhöhung der Verdichtungsarbeit. Des Weiteren kann es zu schwingungsbedingten Schäden an den Rohrleitungen und störenden Geräuschentwicklungen kommen.

Der Einfluss der Pulsation wird oft unter der Voraussetzung ausreichend großer Kammervolumina auf der Saug- und Druckseite als vernachlässigbar angesehen [42]. Bei der Betrachtung akustischer Probleme wird jede andere Wirkung vernachlässigt, um die Problemstellung zu vereinfachen. So wird in [47] für die Berechnung der Druckkammer und in [48] bei der Berechnung der Saug- und Druckleitung eines Kältemittelverdichters verfahren. Auch Berechnungen des Ventilflatterns werden ohne eine Berücksichtigung der Pulsation in den Leitungen [24] ausgeführt. Andere Arbeiten betrachten die Pulsationen vereinfacht als eindimensionale Strömung [10] und ohne Wärmeübergang [48].

Eine theoretische Betrachtung der Pulsation wirft die Frage nach der Gültigkeit des für die Konvektion verwendeten Newton`schen Ansatzes auf. So wird in der Literatur nicht in jedem Fall die Proportionalität zwischen Wärmestrom und Temperaturdifferenz als weiterhin gegeben angesehen. Es wird daher auch eine Formulierung einer komplexen Nusselt-Zahl angewendet, so in [49], um die instationären Effekte zu berücksichtigen. Das Phänomen der instationären konvektiven Wärmeübertragung ist theoretisch nicht leicht zu handhaben. Dennoch wird bereits seit langer Zeit [44] an dem Problem gearbeitet. Ebenso wird die Pulsation experimentell betrachtet. So wird in [50] die Pulsation des Gases durch eine Plexiglaswand in der Kapsel eines hermetischen Verdichters mittels Rauch untersucht.

Die Erhöhung des Wärmeübergangs geht bei der pulsierenden Strömung mit einem entsprechend höheren Energieaufwand einher. Jedoch ist die Exergiedissipation in einer vernachlässigbaren Größenordnung. Die von [51] zum Wärmeübergang durchgeführten Untersuchungen einer pulsierenden Gasströmung mit einer Frequenz bis 2500 Hz zeigen im Resonanzfall einen Anstieg der Nusselt-Zahl um das 3,5-fache.

Theoretisch orientierte Untersuchungen werden vorwiegend an Rohren durchgeführt, wobei häufig laminare Strömung [52, 53] und eine Beeinflussung des Wärmeübergangs, abhängig von der Frequenz der Pulsation, untersucht wird. Die Ergebnisse zeigen, dass der Wärmeübergang durch die Pulsation sowohl erhöht als auch verringert werden kann.

3.1.4 Experimentelle Wärmestromermittlung

Um die Wärmestromdichte und die Temperaturen für einen instationären Vorgang erfassen zu können, bedarf es spezieller Sensoren. Die größte Herausforderung dabei ist die thermische Trägheit der Sensoren, weshalb eine kleine Sensormasse zwingend notwendig ist. Eine ausführliche Beschreibung zu Wärmestromsensoren findet sich in [54] und ist Forschungsgegenstand an verschiedenen Universitäten (RWTH Aachen, TU Graz), welche neben der Industrie auch Wärmestromsensoren herstellen.

Die Verwendung von Wärmestromsensoren bei der Untersuchung von Verdichtern findet sich in verschiedenen Literaturstellen [27, 31, 49]. Ebenso werden Temperatursensoren [31, mit D = 0,0005 inch] bzw. Anemometer [55] für die instationäre Messung der Gastemperatur eingesetzt. Es stellt sich jedoch die Frage nach der Genauigkeit bzw. den auftretenden Messfehlern. Problematisch ist die begrenzte Haltbarkeit der trägheitsarmen Sensoren. Auch muss die Platzierung der Sensoren so erfolgen, dass die Strömung möglichst wenig gestört wird.

3.2 Zur Beeinflussung der Wärmeströme

3.2.1 Verschiedene Kühlmedien

Durch die gezielte Kühlung der Bauteile oder des Gases ist es möglich, positiven Einfluss auf die Maschine zu nehmen. Insbesondere ergeben sich Vorteile wie:

- eine geringere Erwärmung des angesaugten Gases und somit ein gesteigerter Ausnutzungsgrad λ_h,
- eine abgesenkte Verdichtungsendtemperatur zur besseren Erfüllung von Sicherheitsanforderungen,
- eine Lebensdauererhöhung der mechanisch belasteten Bauteile durch geringere Temperaturbelastung und daraus entstehender Wärmespannungen,
- energetische Verbesserungen des Arbeitsprozesses durch Annäherung an den isothermen Verdichtungsprozess,
- eine geringere Neigung zur Ölkohlebildung und entsprechender Ablagerungen sowie keine schädlichen Nebenprodukte durch Zersetzen des Schmierstoffes,
- geringere Temperaturen des geförderten Fluid (z.B. Kältemittelzersetzung),
- eine Standzeiterhöhung nachgeschalteter Bauteile.

Um diese Ziele zu erreichen, gibt es verschiedene Herangehensweisen.

Eine einfache und häufig angewandte Art der äußeren Kühlung, über die (äußere) Oberfläche des Verdichters, ist die Kühlung mit Luft. Hier kann auf zahlreiche Erfahrungen im Motoren- wie Kompressorenbau zurückgegriffen werden. Neben der Einfachheit, den Fahrtwind bei mobilen Anwendungen bzw. ein einfaches Kühlgebläse bei stationären Anwendungen zu verwenden, hat diese Kühlung den Vorteil der Frostsicherheit. Weiterhin entsteht kein Aufwand mit der Ver- und Entsorgung, da das Kühlmittel aus der Umgebung angesaugt und nach der Erwärmung wieder abgegeben wird, sodass von einem wartungsarmen Betrieb gesprochen werden kann. Luftgekühlte Verdichter finden sich in vielen Anwendungsgebieten. Unter anderem in der Kältemittel-, Luft-, und Prozessgasverdichtung, in kleinen und mittelgroßen sowie ortsbeweglichen Anlagen. Meist handelt es dabei um Verdichter, die als stehende Maschine eingesetzt werden.

Bei der Kühlung mit Luft ist die Wärmeabfuhr durch die niedrige spezifische Wärmekapazität und die niedrigeren Wärmeübergangszahlen gegenüber der Wasserkühlung ungünstiger. Diesem Nachteil kann durch eine Erhöhung der Anströmgeschwindigkeit und der Wärmeübertragungsfläche entgegengewirkt werden. Dabei wird ein erheblicher Luftstrom notwendig. Eine Vergrößerung der Luftgeschwindigkeit kann auch durch Leitbleche erreicht werden [56]. Das ist vor allem in heißeren Regionen nötig [57]. Die Vergrößerung der Wärmeübertragungsfläche ist durch außen am Verdichter angegossene Rippen üblich, wobei eine Flächenvergrößerung um ein Vielfaches der unberippten Fläche möglich wird. Unterbrochene Rippen dienen dabei der Vergrößerung der Verwirbelungen und, speziell am Zylinder, der Verringerung von Temperaturspannungen [58].

Eine in der Kältetechnik weit verbreitete Art der Kühlung ist die so genannte Sauggaskühlung. Hier wird das verdampfte Kältemittel vor der Verdichtung zur Verdichterkühlung genutzt. Die sauggasgekühlten Kältemittelverdichter stellen aber ein Spezialgebiet [59] dar, das hier nicht weiter behandelt werden soll.

Falls es wegen baulicher Randbedingungen oder mit zunehmender Größe des Verdichters nicht möglich ist, die Luftkühlung zu verwenden, kommen flüssigkeitsgekühlte Verdichter zum Einsatz. Eine Flüssigkeitskühlung ist im Vergleich zur Luftkühlung effektiver, aber im Aufbau anspruchsvoller. Durch die Konstruktion von Kühlräumen und Kühlkanälen entsteht ein teilweise dreiwandiges Werkstück, das hohe Anforderungen an die Gießtechnik stellt und zu Dichtheitsproblemen führen kann. Bei Hochdruckverdichtern mit Schmiedestahlgrundblöcken müssen die nötigen Kühlräume herausgearbeitet werden. Durch umsichtige Konstruktion können aber bei einer Flüssigkeitskühlung entscheidende Stellen, wie die Ventile, besser gekühlt werden. Wassergekühlte Maschinen haben zudem den Vorteil, dass die vorhandenen Kühlräume die Geräuschemission verringern.

Bei einer Flüssigkeitskühlung ist es üblich, einen geschlossenen Kühlmittelkreislauf mit Rückkühlung zu verwenden. Als Kühlmittel kommen Wasser bzw. Wassergemische, Öl oder Kältemittel zum Einsatz.

Die Flüssigkeitskühlung ist durch mögliche Verunreinigungen wartungsaufwendiger als eine Luftkühlung und störanfälliger. Zudem besteht ein gewisser Regelaufwand. Die Ein- und Austrittstemperaturen beeinflussen die Betriebssicherheit und den Wirkungsgrad der Maschine. Außerdem ist bei Leckagen des Kühlmittelsystems die Überflutung des Arbeitsraumes denkbar.

Die Kombination von Gas- und Flüssigkeitskühlung findet ebenfalls Einsatz.

3.2.2 Kühlung von Zylinderbauteilen

Die für diese Arbeit nützlichste Einteilung der Kühlverfahren ist die nach den jeweils gekühlten Bauteilen. Es sind prinzipiell alle Bauteile auf gewisse Weise an der Abführung oder Zuführung der Wärme beteiligt. Hierzu zählen das Kurbelgehäuse, der Kolben, die Kolbenstange, die Kolbenstangendichtung, der Kreuzkopf, die Ventile, Ventilplatte, Ventilnester, Ventilfänger, der Zylinderkopf, der Zylinderdeckel sowie der Zylindermantel.

Die Kühlung des Zylindermantels kann, wie bereits erläutert, durch Flüssigkeit oder Luft erfolgen. Die Zylinderkühlung verbessert die Schmierbedingungen der Kolbenlauffläche, senkt die Verdichtungstemperatur, verhindert weitestgehend die Ablagerung von Ölkoks in den Ventilen sowie das Festbacken der Kolbenringe und mindert die Wärmebelastung der Werkstoffe. Vor allem erfolgt die Zylinderkühlung mit dem Ziel der Annäherung an die isotherme Verdichtung.

Ist eine Luftkühlung mittels Lüfter oder Fahrtwind vorhanden, so ist eine einwandige Bauweise üblich, wobei der Zylinder außen mit Längs- oder Ringrippen versehen wird.

Eine Flüssigkeitskühlung (in Ausnahmen auch eine Luftkühlung) wird mit einem ringförmigen Kühlmittelraum zwischen Innen- und Außenwand ausgeführt. Es ist in diesem Fall üblich, ein geschlossenes Kühlmittelsystem zu nutzen, in dem das Kühlmittel zurückgekühlt wird. Steigen die Kühlwassertemperaturen auf 60 °C bis 80 °C an, so wird dies als Heißwasserkühlung bezeichnet. Zum Einsatz kommt diese Art häufig in der Nutzfahrzeuganwendung durch Kombination mit dem Motorkühlkreislauf.

Mit Hilfe der Flüssigkeitskühlung wird eine gleichmäßigere Temperaturverteilung am Zylinder erreicht als bei den von einer Seite angeströmten Luftkühlungen, denn dort wird die Zuluftseite besser als die Abluftseite gekühlt. Eine Flüssigkeitskühlung trägt zudem dazu bei, die Verformung des Zylinders im Betrieb zu verringern. Dies ist wegen der Leckageminimierung besonders bei Konstruktionen von Labyrinthkolbenkompressoren zu beachten, weshalb auch diese Bauart – trotz nicht vorhandener Reibung von Kolbenringen gekühlt wird [60]. Aus Kostengründen werden aber auch für diese Konstruktionen Untersuchungen hin zu Luftkühlungen durchgeführt [61].

Die Kühlung des Zylinderkopfes, insbesondere der Druckkammer, führt zur Verringerung der Druckstutzentemperatur. Der Zylinderkopf bzw. Zylinderdeckel luftgekühlter Zylinder wird, wie der Zylindermantel, mit Kühlrippen versehen, jedoch ist eine Kühlwirkung der Rippen meist nur auf der Druckseite zu erwarten. Bei der Konstruktion ist darauf zu achten, dass die heiße Druckseite von der Ansaugseite durch gekühlte Räume getrennt ist, damit nicht durch Wärmeleitung die sonst kalte Saugseite aufgeheizt wird. Bei größeren Verdichtern wird dies durch eine Flüssigkeitskühlung [62, S. 104] umgesetzt. Bei kleinen kompakten Verdichtern erweist sich diese Wandkühlung aus Platzgründen als schwierig. Dort werden die Saug- und Druckkammer dann baulich voneinander getrennt oder die Kühlung bleibt unberücksichtigt und die beiden Kammern liegen eng beieinander.

In der Literatur sind verschiedene konstruktive Umsetzungen der Zylinderkopfkühlung beschrieben. Diverse Patente schlagen unterschiedliche Möglichkeiten vor. Eine Verbesserung der Wärmeabfuhr aus dem Zylinderkopf erfolgt bei luftgekühlten Kompressoren durch die bereits genannte Berippung, welche in [63] konsequent umgesetzt worden ist, so dass eine Berippung in der Druckkammer sowie auf der Außenseite erfolgt.

Eine Flüssigkeitskühlung erfordert höheren konstruktiven Aufwand, da der Zylinderkopf möglichst vollständig mit Kühlkanälen ausgerüstet werden sollte. So werden in der Druckkammer verschiedene Einbauten, wie vertikale Umlenkungen (Stege) [64] und Umlenkbleche [65] oder Rippen mit unterschiedlicher Geometrie beschrieben. Diese Einbauten, welche mit den gekühlten Wänden in Kontakt stehen oder ein Teil der die Druckkammer [66, 67] bzw. die Druck- und Saugkammer [65] umgebenden Wände sind, führen zur Flächenvergrößerung, zu längerer Verweilzeit des Druckgases in der Druckkammer und zur Verbesserung des Wärmeübergangs durch

Turbulenzanregung. Durch Kühlkanäle [64, 65] gelingt es die Saug- und Druckkammer thermisch voneinander zu trennen.

Patente zu saugseitigen Kühlkonstruktionen im Zylinderkopf sind ebenfalls zu finden. So werden von [65] Umlenkbleche in der Saugkammer vorgeschlagen. In [68] sind Überlegungen zu Kühlflächen in Saugventilnähe beschrieben, welche bei einer Saugventiloffenhaltung das aus dem Arbeitsraum zurückströmende Gas kühlen.

In [69] wird ein kompakter mehrstufiger Kolbenverdichter gezeigt, bei dem der Zwischenkühler im Zylinderkopf angedeutet wird. Genauer geht [70] auf eine Anordnung der Kühlkanäle ein, bei der die Zwischendruckkammer vollständig vom Kühlmittelraum umgeben ist. Somit gelingt auch eine thermische Trennung zwischen den sonst „heißen und kalten“ Gebieten im Zylinderkopf. Zudem sind hier in der Druckkammer Rippen vorgesehen, welche in den Druckraum hineinragen.

Die Unterscheidung zwischen Ventil und Ventilplatte bei der Kühlung hängt von der Größe des Verdichters ab. So werden bei Großverdichtern und einer radialen Ventilanordnung die Ventile durch umgebende Kühlkanäle gekühlt. Wegen der höheren Temperaturbelastung werden meist die Druckventile gekühlt [21]. So gehört in [71] die Kühlung des Ventils komplett zum (Poppet-) Druckventilaufbau. Aber ebenso werden auch Saug- und Druckventile gekühlt [72].

Bei kleineren Verdichtern werden die Ventile, zumeist Lamellenventile, in Ventilplatten untergebracht, welche gekühlt werden können. So werden in [73] Einzelplatten verlötet bzw. in [74] geteilte Aluminiumdruckgußplatten beschrieben, welche auch komplizierte Aussparungen für einen Kühlkanal aufweisen. Zudem sind in [73] die Druckventildurchgänge auf der Kühlmittelseite mit Rippen versehen oder ersatzweise aus speziellem Material mit sehr hoher Wärmeleitfähigkeit zur Verbesserung der Wärmeübertragung an den hoch belasteten Stellen gefertigt. In [65] werden die bereits erwähnten Umlenkbleche in der Druckkammer mit dem Druckventilfänger verbunden, um so den Kühlungseffekt weiter zu steigern.

Durch die Ventilplattenkühlung gelingt bei kleinen Verdichtern auch eine Kühlung des Arbeits- und des Druckraumes. Der Hauptzweck ist jedoch die Kühlung der Druckventile. Eine Ventilplattenkühlung bei Kältemittelkompressoren ist im Allgemeinen unüblich.

3.2.3 Kühlung von Triebwerksbauteilen

Der Kolben einer Hubkolbenmaschine ist eines der am höchsten thermisch beanspruchten Bauteile. Dies trifft vor allem bei trockenlaufenden Verdichtern, durch die schlechtere Wärmeübertragung zum Zylinder, und bei Verbrennungsmaschinen an sich zu. Daher findet sich auch die meiste Literatur zu diesem Thema für Motoren. Bei Ottomotoren werden die Kolben beispielsweise durch Anspritzen ihrer Unterseiten mit Motoröl aus dem Kurbelgehäuse gekühlt.

In [75] wird die Kühlung eines Großdieselmotors beschrieben, bei der Kolben und eine hohlgebohrte Kolbenstange ein Hohlraumsystem bilden. Das Wärmeübertragungsmedium hat einen gewissen Füllstand, wird durch die Motorbewegung bewegt und gibt seine im Kolben aufgenommene Wärme an die lange Kolbenstange ab. Für den gerichteten Fluss beim Durchleiten des Kühlmittels beschreibt [76] einen Zu- und Rücklaufkanal mit Rückschlagventil für eine Freikolbenverbrennungsmaschine. Das Kühlmittel wird durch einen außen liegenden Wärmeübertrager zurückgekühlt. Wenn der Ringraum eines Kolbens mit speziellen Düsen an der Kolbeninnenseite ausgerüstet ist [77], so ist eine verbesserte Wärmeübertragung durch die so genannte „frei rotierende Kühlmittelschicht“, mit entsprechend steigenden Wärmeübergangszahlen möglich. Die Zu- und Rückführung des Kühlmittels geschieht über eine als Doppelrohr ausgebildete Kolbenstange. Wesentlich komplizierter ist der Ringraum in [78]. Hier wird das Kühlmittel ebenfalls in den Kolben eingespritzt, wobei Wert darauf gelegt wird, dass jedem Zuführungskanal ein radial ansteigender Rückführungskanal zugewiesen wird. Die Kolbenstange dient auch hier der Zu- und Abführung des Kühlmittels.

Ebenfalls ist es möglich, die Kolbenstange einer Verbrennungskraftmaschine als Wärmerohr auszuführen [79]. Dabei verdampft das Wärmeübertragermedium am Kolben und wird zur Kondensation in einen kälteren Teil der Kolbenstange geführt. So ist es möglich, die Verdampfungsenthalpie des Arbeitsmediums bei der Abführung der Wärme aus dem Kolben zu nutzen. Ebenfalls mit Phasenwechsel, das Wärmerohrprinzip nutzend, wird eine Kühlung des Kolben- und Kolbenstangensystems für Prozessgaskompressoren bzw. Kolbenverdichter im Allgemeinen und für trockenlaufende Kolbenringe im Speziellen in [80] vorgeschlagen. Zur Verbesserung des Strömungsvorganges werden zirkulationsanregende Einbauten oder ein Rückschlagventil zur Sicherstellung der gewünschten Strömungsrichtung genannt. Das Kühlmittel wird aus der Kolbenstange heraus an die Wände des Kolbens gespritzt, wobei ein einphasiges oder ein phasenwechselndes Kühlmittel zum Einsatz kommen kann. Als Wärmesenke dient der Kreuzkopf.

Allgemein sind verschiedenste Kühlmittel - mit und ohne Phasenwechsel - zur Kühlung des Kolbens und der Kolbenstange denkbar. In den zitierten Arbeiten werden dazu Wasser oder Glykol, Motor- oder Hydrauliköl, Diphyl, Perchlorethylen, Trichlorethylen oder ein halogenierter Kohlenwasserstoff genannt.

Wie aus den oben erwähnten Kühlungsvarianten für den Kolben erkenntlich, ist die Kolbenstange nicht von dem Kühlsystem auszunehmen. In jedem dieser Fälle dient die Kolbenstange zumindest dem Transport des Kühlmittels oder als wärmeabgebendes Bauteil. Die Kühlwirkung eines Teilsystems aus [80] - eine hohlgebohrte Kolbenstange zum Zwecke der Temperaturabsenkung in den Kolbenstangendichtungen - wurde an einem einstufigen Luftverdichter mit einem Kältemittel als phasenwechselndes Kühlmittel und dem Kreuzkopf als Wärmesenke in [81] untersucht.

Auch die Kühlung des Kolbens benötigt eine Wärmesenke. Hierfür kann die - öl- oder luftgekühlte - Kolbenstange oder die Kreuzkopfführung verwendet werden. In [80] ist die Kreuzkopfführung als Wärmesenke zu erkennen. Gekühlte Kreuzkopflaufbahnen finden sich an anderer Stelle [83, S. 170].

Die Kolbenstangendichtungen an sich zu kühlen, ist eine ebenfalls praktikable Möglichkeit und erhöht die Standzeiten bei trockenlaufenden Dichtungen. Die Dichtungen werden in dem Falle mit einer Mantelkühlung ausgeführt, wobei die Laufbuchse von einer Kühlspirale umgeben ist, an die die Reibwärme abgegeben werden kann, und sind in [82] beschrieben.

Im Kurbelgehäuse ist bei Verdichtern mit Tauchkolben zum einen die Wärmeabfuhr an das Schmieröl üblich, das im Triebwerksraum bis hin zur Zylinderwand und zum Kolben verteilt wird, dessen Hauptaufgabe aber die Schmierung der bewegten Teile ist. Zum anderen tragen außen auf das Kurbelgehäuse aufgebrachte Rippen zur Kühlung bei. Es gibt auch energetisch oder materialtechnisch motivierte Überlegungen zur effizienteren Kühlung des Triebwerksraumes und dessen thermisch belasteter Komponenten. So findet sich in [84] eine Konstruktion, bei der der Verdichterhub ohne einen Kompressionseffekt, nur durch Überwinden der Druckverluste, Kühlluft durch den Kurbelraum befördert. So wird eine bessere Kühlung erreicht und der Einsatz von Kunststoffbauteilen ist möglich. Um die Richtung vorzugeben, sind Rückschlagventile in die Zu- und Ableitung eingebaut. Ebenfalls der Verdichterhub wird in [85] genutzt. Es wird speziell darauf geachtet, dass der Kühlluftstrom diagonal durch das Gehäuse geführt wird und dadurch besonders effektiv wirken kann. Wenn Rippen nicht mehr ausreichen, wird in [86] die Triebwerkgehäusekühlung durch den Ansaugluftstrom eines anderen Verbrauchers (z.B. Motor) realisiert. Hier kann zur Verringerung der Druckverluste ein Ventilator auf der Kurbelwelle vorgesehen werden. Der durchgesetzte Massestrom ist abhängig vom nachfolgenden Verbraucher. Er kann als Gesamtstrom oder, bei großen nachgeschalteten Aggregaten, als abgezweigter Teilstrom erreicht werden. Die Frage der Verunreinigung mit Öl wird nicht behandelt.

Im Allgemeinen muss die Luft vorbehandelt oder zumindest gefiltert sein und mit niedriger Temperatur in das Kurbelgehäuse eintreten. Eine Nachbehandlung ist vom Grad der Verschmutzung und dem weiteren Einsatz der Luft abhängig.

3.2.4 Prozesseingreifende Kühlung

Eine spezielle Möglichkeit zur intensiven Kühlung während der Verdichtung ist die innere Kühlung. Hierbei wird ein flüssiges Kühlmittel im Ansaugbereich oder im Arbeitsraum in den Förderstoff eingespritzt, wo es die während des Verdichtungsvorganges entstehende Wärme aufnimmt.

Durch die direkte Kühlung des Gases während des Verdichtungsprozesses kann eine bessere Annäherung an einen isothermen Verdichtungsprozess erreicht werden. Diese Möglichkeit ist bei Hubkolbenverdichtern bereits seit langem ein Forschungsthema, jedoch noch nicht Stand der Technik wie die äußere Kühlung. Sie wird in Grundlagenbüchern [87] vom Prinzip her behandelt und mit „praktischer" Umsetzung durch Wassereinspritzung in die Saugleitung des Verdichters erreicht [88]. In der thermodynamischen Grundlagenliteratur wird vorgeschlagen, fein verteiltes Wasser einzuspritzen, welches beim Verdichtungsvorgang verdampft und so durch die benötigte Verdampfungswärme den Temperaturanstieg wesentlich reduzieren kann. Damit wird die erforderliche Verdichtungsarbeit gegenüber einer adiabaten Maschine merklich kleiner. Es wird darauf hingewiesen, dass der Effekt abhängig von der Menge des eingespritzten Wassers ist.

In [89] ist eine Methode zur Berechnung des energetischen Effektes beim Einsprühen von Wasser vorgestellt. Hierbei wird für einen Luftkompressor eine Energieeinsparung zwischen 8 % und 15 % errechnet. Dies erfolgt aber ohne weitere Angabe der Randbedingungen wie beispielsweise des Druckverhältnisses. Die grundlegende Erkenntnis ist, dass das Wasser so fein wie möglich (Fachausdruck „Atomisation") verteilt werden muss, um die Energieaufnahme und die Verdichtungsendtemperatur zu senken. Diese Erkenntnis bestätigen auch experimentelle Untersuchungen von [90]. Hier wurden in einem Luftkompressor eine Energieeinsparung von 7,8 % und eine Temperaturabsenkung von 28 K nachgewiesen. Es werden Untersuchungen zur Position und Konstruktion der Sprühdüsen in der Saugleitung, zu den Oberflächeneigenschaften des Wassers und zum Gas-Flüssigkeitsverhältnis durchgeführt.

In [91] werden die Wasserzugabe in der Saugleitung oder im Saugstutzen, eine Einspritzstelle im Gehäuse sowie eine Kühlmitteleinspritzvorrichtung beschrieben, welche in einen Bereich des Verdichters einmündet, in dem die Verdichtung bereits begonnen hat. Als effektivere Möglichkeit wird eine Einspritzdüse im Ventilbolzen eines Ringplattenventils vorgestellt. Diese Düse ist als Drall-, Mehrloch- oder Flächenstrahldüse zum feinen Zerstäuben des Wassers und damit zu dessen intensiver Vermischung mit dem Fördermedium im Verdichtungsraum geeignet.

Eine geringere Leistungsaufnahme und Verdichtungsendtemperatur bei vorgegebenem Druckverhältnis lässt im Umkehrschluss auch höhere Druckverhältnisse pro Stufe zu. Eine experimentelle und theoretische Arbeit dazu, [92], verwendet einen großen, langsam laufenden Luftverdichter mit Wassereinspritzung direkt in den Arbeitsraum und hydraulisch betätigten Ventilen. Das Wasser wird aber nicht verdampft, sondern mit dem Druckgas mitgeführt und wieder abgeschieden. Es wirkt zusätzlich als Schmiermittel und verringert den wirksamen Schadraum. Der zeitliche Verlauf der Wasserzugabe ist ein Optimierungsproblem, dass in dieser Arbeit speziell durch zwei unterschiedlich positionierte Düsen, die zeitlich versetzt das Wasser zugeben, untersucht wird. Zudem werden mit Hilfe von Simulationen nasse und trockene Zonen innerhalb des Zylinders festgestellt. Es gibt neben diesen Zonen zusätzlich einen heißen Kern in der Zylindermitte. Die besten Ergebnisse werden bei einer Drehzahl von 100 min^{-1} mit 28 % Energieeinsparung angegeben. Zum Vergleich dient ein adiabater Verdichtungsprozess.

Zwei rein theoretische Arbeiten [93, 94] zum Thema „Ölatomisation“ verwenden die numerische Simulation zur Berechnung des Prozessablaufs mit Öleinspritzung in einem Haushaltskältemittelverdichter. Es wird die Verdichtung der Kältemittel R134a und NH_3 mit Hilfe von CFD- Simulationen untersucht, wobei die Parameter der Atomiserposition, des Ölmassestroms und der Öltemperatur variiert wurden. Die besten Ergebnisse dieser Kombinationen führen bei R134a zu einer Verbesserung des COP- Wertes um 3,6 % und bei NH_3 um 4,2 %. Bei experimentellen Untersuchungen mit dem Kältemittel R 134a [95] zeigte sich, dass die Temperatur, gemessen an verschiedenen Stellen des Verdichters, durch „Ölatomisation“ signifikant verringert werden kann – wie in der Simulation vorhergesagt. Jedoch erhöht sich der Energieaufwand des Verdichters.

Der Einsatz von Flüssigkeiten als Kühl-, Schmier- oder Dichtungsmittel ermöglicht den gewünschten und – wie die aufgeführten Arbeiten zeigen – auch steuerbaren Effekt. Andererseits kommt Flüssigkeit auch ungewollt in den Arbeitsraum, was bei hoher Drehzahl zu Tropfenschlägen führt. Ebenso kann es vorkommen, dass während des Kaltstarts Gas oder Gasbestandteile im Arbeitsraum auskondensieren. In jedem Fall steigt die Belastung für Bauteile wie Kolbenstange und Kreuzkopf erheblich, wenn nicht gewährleistet ist, dass die Flüssigkeit während der Ausschubphase durch die Druckventile vollständig austritt. Es kommt zu Flüssigkeitsansammlungen im Arbeitsraum. Ein bis zu fünfmal größerer Druck im Zylinder als üblich wird dabei von [96] errechnet, was für das Triebwerk der Maschinen katastrophale Folgen hätte!

Ebenfalls zum Einsatz kommen Ionenverdichter. Bei dieser Technik wird eine ionische Flüssigkeit (geschmolzene Salze, welche ausschließlich Ionen enthalten) anstelle des herkömmlichen Kolbens verwendet. Durch dieses Prinzip wird eine besonders starke Kühlwirkung erreicht und eine Leckage über den Kolben vermieden. Einsatz finden solche Verdichter bei Hochdruckanwendungen [97]. Hier wird beim Betrieb ein Teil der Flüssigkeit ausgetragen und zur Kühlung wieder eingespritzt. Diese Maschinen sind aber ein Spezialgebiet auf das nicht weiter eingegangen wird.

3.2.5 Zwischen- und Nachkühlung

Bei mehrstufigen Verdichtern gibt es die Möglichkeit der Zwischenkühlung nach jeder Verdichtungsstufe. Der externe Kühler - bei kleinen Verdichtern bisweilen auch ein integrierter Wärmeübertrager - dient der Abkühlung des Förderstoffes vor dem Eintritt in die nächste Stufe. Dadurch wird es möglich, sich einer isothermen Verdichtung anzunähern und so den Vorteil kleiner werdender Verdichtungsarbeit zu nutzen. In der Regel handelt es sich um übliche externe Wärmeübertrager nicht zu unterschätzender Größe, in denen das Gas den Großteil seiner Wärme abgibt. Bei kleinen Verdichtern ist es auch möglich, den Förderstrom nicht nach außen zu führen, sondern einen in den Zylinderkopf integrierten Wärmeübertrager zu verwenden. Durch eine zweckmäßige Strömungsführung kann eine möglichst große Temperaturabsenkung erreicht werden.

Bei der Konstruktion der Zwischenkühler ist immer auf nicht zu groß werdende Druckverluste zu achten. Es ist ein Kompromiss zwischen hoher Strömungsgeschwindigkeit, verbunden mit gutem Wärmeübergang, und geringem Druckverlust zu finden.

Auch wenn es für den Verdichter keine Wirkung hat, ist es üblich einen Nachkühler zu verwenden, welcher dann, wie auch der Zwischenkühler, gleichzeitig als Kondensat-, Schmutz- und/oder Ölabscheider wirkt, um Ansammlungen in den Leitungen zu vermeiden. Der Hauptzweck eines Nachkühlers ist es, die Gastemperatur zu senken, bevor der Förderstoff zu den nachgeschalteten Verbrauchern gelangt, um beispielsweise nachfolgende Werkzeuge nicht zu belasten oder die Öldampfexplosionsgefahr (Luftgemisch) zu senken.

Nachkühler sind prinzipiell wie Zwischenkühler aufgebaut. Häufig verwendete Bauformen sind Rohrregister-, Rohrbündel-, Doppelrohr- oder Schlangenrohrkühler [83, S. 194]. Die Bauart richtet sich nach Betriebsdruck, Temperatur, Gasvolumenstrom oder wird durch technologische Randbedingungen festgelegt. Als Kühlmittel wird am häufigsten Wasser verwendet.

3.2.6 Kombinationen

Die angeführten Kühlungsmöglichkeiten lassen sich auch kombinieren. So ist es möglich, die gekühlten Flächen im Gegensatz zu einzeln ausgeführten Varianten noch erheblich zu vergrößern. In [98] ist die Kombination aus Zylinderkopf und Ventilplatte gezeigt, jedoch nicht näher beschrieben. Die Kombination eines weiteren zusätzlichen Bauteils - des Zylinders - wird in [99] gezeigt. Diese Dreierkombination ist besonders gut geeignet für ölfrei laufende Kolbenverdichter, bei denen das Problem einer ausreichenden Kühlung im Bereich des Zylinders im Vordergrund steht. In der bei der Kühlung des Kurbelgehäuses erwähnten Literatur [84] wird die Luft für die effektivere Kühlung durch Kanäle am Zylinder vorbei in den Kurbelraum geführt. In [85] wird der Kühlluftstrom des Kurbelgehäuses und des Zylinders und

Zylinderkopfes separat ausgeführt, so dass sich die Kühlluft nicht an den Bauteilen mit hoher Temperatur erwärmt, bevor sie den Triebwerksraum erreicht.

4. Experimentelle Untersuchungen

4.1 Versuchsstand und Versuchsverdichter

In Abbildung 5 sind der prinzipielle Aufbau des untersuchten Luftverdichters und seine Einbindung in die nachgebildete Druckluftanlage eines Nutzfahrzeuges (LKW) dargestellt.

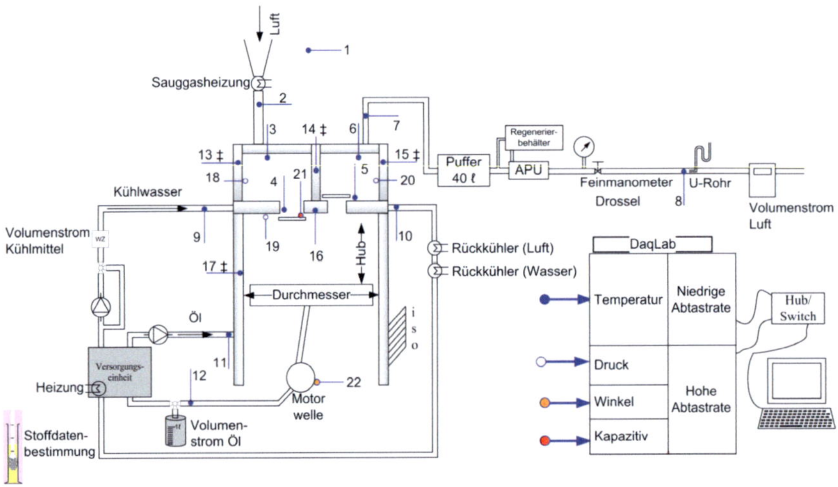

Abbildung 5: Prinzipskizze Versuchsstand, Messstellenbezeichnung siehe Anhang A, ‡ entspricht mehreren Thermoelementen auf einer Ebene

Der Versuchsstand besteht im Wesentlichen aus dem Luft-, Kühlmittel und Ölkreislauf inklusive der Regelmöglichkeiten. Zur Druck- und Temperaturmessung sind langsame und schnelle Sensoren im Verdichter und in der Peripherie montiert.

Die Luft wird ohne vorgeschalteten Filter frei aus der Versuchshalle angesaugt. Innerhalb der ca. 0,6 m langen, sich von 60 mm auf 30 mm verjüngenden Ansaugleitung befindet sich eine temperaturgeführte, regelbare Heizwendel (Fönprinzip 2 x 1000 W), um die Temperaturbedingungen im LKW-Ansaugkanal nachzubilden bzw. zu Versuchszwecken zu verändern. Der Saug- und Druckstutzen des Verdichters ist nach oben gerichtet, so dass beide Kammern vorwiegend vertikal durchströmt werden. Nach dem Verdichter schließt sich eine 6,5 m lange Originaldruckleitung (Stahl 18 x 1,5) bis zur APU (Air Process Unit, incl. Regenerierbehälter) an. Nach der APU ist ein originaler KFZ-Druckluftspeicherbehälter mit 40 Liter Inhalt angebracht, hinter dem sich eine Drossel mit Feinmanometer zur Einstellung des Enddrucks befindet. Das nach der Drossel entspannte Gas wird einem Balgengaszähler (max. Volumenstrom 40 $m^3 \cdot h^{-1}$) zugeführt und tritt dann wieder in die Versuchshalle aus.

Zur Kühlung des Verdichters dient ein Wasser-Glykol-Gemischkreislauf. Hierbei wird ein Mischungsverhältnis von circa 60 Vol% AntifrogenN eingesetzt, um die Anlage – speziell die Ventilplattenkühlung – vor Korrosion zu schützen. Durch eine im Kühlmittelsammelbehälter eingebaute, ebenfalls temperaturgeführte, regelbare Heizung ist es möglich, die Temperatur des Kühlmittels auf die Kühlkreislaufbedingungen eines LKWs einzustellen bzw. in Grenzen zu verändern. Wegen des drucklos ausgeführten Sammelbehälters kann es zur Verdampfung des Kühlmittelgemisches kommen. Um das weitgehend zu vermeiden, beträgt die maximale Kühlmitteltemperatur am Eintritt 80 °C. Das liegt etwa 10 K unterhalb der im Nutzfahrzeug üblichen Kühlmitteltemperatur.

Mit Hilfe der in Abbildung 5 dargestellten Rückkühler (Luft/Kühlmittel und Wasser/Kühlmittel) ist es möglich, andere Kühlmitteltemperaturen als bei der Heißwasserkühlung zu untersuchen.

Die zweite Kammer innerhalb des Kühlmittelsammelbehälters beinhaltet den Ölsammelbehälter. Aufgrund dieser Behälterkombination wird das Öl vom Kühlmittel erwärmt, sodass eine eigene Regelung nicht vorgesehen ist. Die Kühlmitteltemperatur muss, wegen der steigenden Zähigkeit des Schmieröls und damit nicht mehr ausreichenden Versorgung des Verdichters, mindestens 50 °C betragen.

Zur Erfassung des Kurbelwinkels dient der in Abbildung 5 zu sehende Winkelgeber (Fa. Megatron). Dieser ist ein auf dem freien Wellenende des Verdichterantriebs befestigter Inkrementalgeber mit einer Teilung von 1024/360°. Für die Auswertung wird der 360°-peak statt der exakten Teilung verwendet. Der Grund hierfür liegt in der begrenzten Abtastrate der Messwerterfassung, welche die exakte Teilung nicht sicher erfassen kann. Eine auftretende Ungleichförmigkeit der Drehung (Verzögerung bei der Kompression und Beschleunigung bei der Expansion) wird somit nicht berücksichtigt. Die Ungleichförmigkeit hat auf die Betrachtung des Wärmeübergangs im Zylinderkopf keinen Einfluss und ihre Vernachlässigung ist überdies auch durch das vorhandene Schwungrad an der Verdichterwelle zu rechtfertigen.

Als Drucksensoren (Fa. Kulite) werden Miniatursensoren mit Gewinde M5 im Saugraum, im Arbeitsraum und im Druckraum verwendet. Ihre Messsignale dienen der Erstellung der Indikatordiagramme und der zeitlichen Kammerdruckverläufe. Sie unterstützen die Modellierung des Arbeitsprozesses und die Vorgabe von Randbedingungen für die Strömungssimulation in der Saug- und der Druckkammer.

Zur Erfassung der Temperaturen kommen handelsübliche Thermoelemente Typ K zum Einsatz. Die Temperaturwerte werden im Zustand thermischer Beharrung mit einer Abtastrate von einem Hertz aufgenommen und zu einem Mittelwert zusammengefasst. Zur Temperaturverteilung der Verdichteroberfläche wurden Aufnahmen mit einer Thermokamera (VarioTherm™) vorgenommen.

Der Hub des Saugventils wird durch einen kapazitiven Sensor [1] qualitativ erfasst. Diese Information dient der Nachbildung der Saugventilbewegung bei der Prozessberechnung und gibt einen Überblick über den Ventilspätschluss (Abbildung 2). Eine Aussage über den absoluten Ventilhub kann, aufgrund erheblicher Schwierigkeiten bei der Kalibrierung infolge des nichtlinearen Verhaltens der Weg-Spannungs-Kurve und der Temperaturdehnung im Betrieb, nicht getroffen werden.

In Abbildung 5 ebenfalls dargestellt ist die Messwerterfassung (Fa. Synotech). Diese besteht aus zwei Messboxen (DaqLab) mit einer Summenabtastrate von je 200 kHz sowie der Software DasyLab. Ein DaqLab erfasst die Signale der schnell, mit 25 kHz, abgetasteten und für jede Umdrehung ausgewerteten Sensoren. Das zweite DaqLab erfasst die Signale der abgetasteten Temperatursensoren. Mittels einer „Weiche“ (Hub/Switch) werden die Daten auf einen Messrechner geführt und dort für eine weitere Auswertung gespeichert.

Weitere Messwerte, die nicht automatisch ermittelt werden, sind:

- Der Luftvolumenstrom und -druck am Balgengaszähler. Hier werden am Balgengaszähler die Volumendifferenz und die verstrichene Zeit mittels Messuhr erfasst. Der Druck wird an einem U- Rohrmanometer abgelesen.
- Der Enddruck wird an einem Feinmanometer vor der Drossel abgelesen.
- Der Kühlmittelvolumenstrom wird ähnlich dem Luftvolumenstrom, hier aber mit einem Flügelradzähler und einer Messuhr, erfasst.
- Der Volumenstrom des Öls wird durch Auslitern bestimmt. Hierfür ist im Ölrücklauf eine Entnahmestelle vorgesehen (Abbildung 5).

In Abbildung 5 nicht zu sehen ist die Regeleinrichtung zur Vorgabe der Motordrehzahl und zur Einstellung der geforderten Kühlmittel- und Sauglufttemperatur.

4.2 Verdichter im Originalzustand

Abbildung 6 zeigt Teilansichten des Untersuchungsobjekts. Es handelt sich um einen ölgeschmierten Hubkolbenverdichter in Tauchkolbenausführung für die Drucklufterzeugung in einem Nutzfahrzeug (Mercedes Benz).

Abbildung 6: Ansicht Zylinder und Ventilplatte, Zylinder mit Ventilplatte und Zylinderkopf, Ventilplatte mit Kühlkanal

Der Zylinderdurchmesser d beträgt 100 mm und der Kolbenhub s 48 mm. Der Kolben enthält zwei Kolbenringe sowie einen Ölabstreifring aus Stahl, mit jeweils stumpfem Stoß. Die Ventilplatte besteht aus einzelnen, vakuumverlöteten Platten, wobei der Kühlkanal unterhalb der Druckkammer um die drei Druckventile herum geführt ist (Abbildung 6, rechts). Das Saugventil und die drei Druckventile sind als Lamellenventile ausgeführt. Die Sauglamelle ist eine fängerlose Lamelle und hat eine zentrale Lage in der Ventilplatte (Abbildung 6, links). Die drei Drucklamellen haben die Form einer Katzenzunge und sind in ihrem Öffnungsweg durch die Fänger begrenzt (Abbildung 6, mitte). Im Zylinderkopf sind die Saugkammer und die Druckkammer direkt nebeneinander positioniert (Abbildung 6, mitte). Der jeweilige Anschluss erfolgt von oben. Der Zylinderkopf enthält außer dem Kühlmittelanschluss für die Ventilplatte keine Kühlkanäle. Unterhalb des Zylinders befindet sich das Kurbelgehäuse mit dem Ölsumpf. Beides ist zum Zwecke der Versuche isoliert, so dass für die Bilanzierung die Annahme einer adiabaten Hülle getroffen werden kann.

Im experimentellen Teil der Arbeit werden verschiedene Versuche mit dem erklärten Ziel der Verbesserung des Verdichters unternommen. Es werden Maßnahmen untersucht, um eine verbesserte Kühlung des Verdichtungsvorgangs bzw. eine bessere Abkühlung auf der Druckseite sowie eine geringere Aufheizung auf der Saugseite zu bewirken. Um die Auswirkungen der Veränderung (für den Verdichterhersteller) zu dokumentieren, werden die spezifische Arbeit w_t, der Ausnutzungsgrad λ_h bzw. der Massestrom $\dot{m}$ und die Druckstutzentemperatur t_D betrachtet. In Kapitel 3.2 wurde auf Patente eingegangen, welche sich mit einer verbesserten Kühlung befassen. In den durchgeführten Experimenten werden für die untersuchte Maschine praktikabel erscheinende Ansätze aufgegriffen und auf den vorhandenen Verdichter angewendet. Weiterführend werden Veränderungen der Betriebsbedingungen untersucht.

Die durchgeführten experimentellen Untersuchungen sind von grundsätzlicher Natur, so dass sich die feststellbaren Effekte auch bei anderen Hubkolbenverdichtern wieder finden lassen. Der untersuchte Verdichter ist für thermische Untersuchungen gut geeignet, da bei dem hohen Druckverhältnis und dem Fördermedium Luft sehr hohe Temperaturen auftreten. Eine messtechnische Herausforderung stellen die geringen Abmessungen der Maschine dar.

Die absoluten Werte der Messungen tragen – da solche Untersuchungen nicht oft durchgeführt und meist nicht veröffentlicht werden – zum Schließen einer Lücke im technischen Wissen bei, sind jedoch nicht auf wesentlich andere Maschinen zu übertragen.

Der Originalzustand des einstufigen Luftverdichters (ohne Saugschalldämpfer) wurde im thermischen Beharrungszustand mehrmals bei gleich bleibenden Randbedingungen bei den Drehzahlen 750 und 2430 min^{-1} untersucht. Diese Messwerte dienen als Basismessung zum Vergleich für alle Messungen mit veränderten Bedingungen.

Die Randbedingungen für die Basismessung sind ein Kühlmittelvolumenstrom von 5 $l \cdot min^{-1}$, eine Kühlmitteltemperatur von 80 °C am Eingang sowie eine Sauggastemperatur von 60 °C am Saugstutzen. Das untersuchte Druckverhältnis entspricht mit einem Wert von 13,5 dem maximalen Betriebsdruckverhältnis und somit dem Abschaltpunkt des Verdichters beim Einsatz im Nutzfahrzeug. Der Verdichter befindet sich im Versuchsstand bei Raumtemperatur und Umgebungsdruck und ist keinem „Fahrtwind" ausgesetzt.

4.3 Verdichter mit konstruktiven Veränderungen

4.3.1 Verschiebung des Saugstutzens

Im Bereich der Saugkammer lässt sich eine geringere Aufheizung durch gezielte Strömungsführung erreichen. Grenzen dafür ergeben sich aus den Einbaubedingungen des Verdichters und der Lage des Saugventils in der Saugkammer. In der Standardausführung des untersuchten Verdichters ist die Saugstutzenachse, wie in Abbildung 7 a) gezeigt, um 35 mm gegenüber der Saugventilasschse versetzt. Grund dafür ist die Befestigung des Zylinderkopfes an der Ventilplatte durch eine zentrale Schraube.

Bei der alternativen zentrischen Anordnung des Saugstutzens, siehe Abbildung 7 b), wird die Befestigung verändert, der originale Saugstutzen entfernt und eine Platte mit einem neuen, zentrierten Saugstutzen vorgesehen. So ist es möglich, die Ansaugluft auf dem kürzesten Weg zum Ventil zu führen.

In einer weiteren untersuchten Variante (Abbildung 7 c)) wird ein Kegel zur besseren Führung der angesaugten Luft eingebracht. Der Kegel ist geschlitzt, um bei Ansaugbeginn das Volumen der Saugkammer als Puffer nutzen zu können. Ein geschlossener Kegel, der die Pufferwirkung der Saugkammer ausschließt, führt zu einem geringeren Luftmassestrom.

Aus theoretischen Untersuchungen, welche diesem Experiment voran gingen und in [100] beschrieben sind, ist zu erkennen, dass durch die Verschiebung des Saugstutzens der Wärmeübergang von den Wänden zum Gas verringert wird. Die Verwendung des Kegels zeigt eine noch stärkere Wirkung.

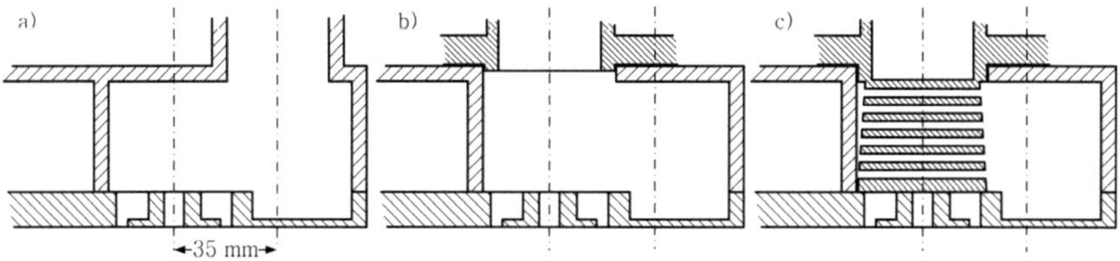

Abbildung 7: Verschiebung des Saugstutzens (Original, Verschiebung, Verschiebung und Kegel)

4.3.2 Isolation der Saugkammer

Im Betrieb des Verdichters sind die Wandtemperaturen der Saugkammer höher als die Ansaugtemperatur. Durch Verkleinerung dieser Temperaturdifferenz als Triebkraft für die Wärmeübertragung lässt sich die Aufheizung im Bereich der Saugkammer verringern. Die in Abbildung 8 strichliert dargestellte Isolierung der Saugkammerwände sowie der Ventildurchgänge bewirkt eine, wie im Detail verdeutlichte, Verringerung der Wandtemperatur bis zur Kontaktstelle mit dem Fluid.

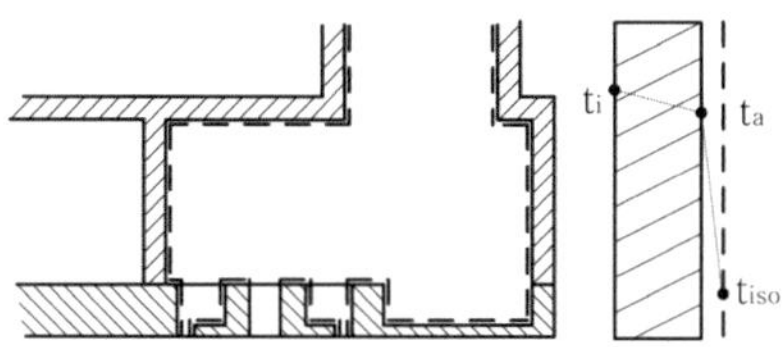

Abbildung 8: Isolierung in der Saugkammer (strichliert)

Zur Isolierung wurde ein Zweikomponenten-Epoxidharz verwendet. Dieses wurde gleichmäßig direkt auf die Wände aufgebracht. Die Schichtdicke beträgt etwa 2,5 mm.

Die Wärmeleitfähigkeit des Harzes ist mit 0,23 $W \cdot m^{-1} \cdot K^{-1}$ zwei Größenordnungen unterhalb der Wärmeleitfähigkeit des Zylinderkopfes mit 115 $W \cdot m^{-1} \cdot K^{-1}$ und der Ventilplatte mit 54,4 $W \cdot m^{-1} \cdot K^{-1}$ und stellt, trotz der geringen Schichtdicke, bereits einen erheblichen Wärmeleitwiderstand dar.

4.3.3 Gekühlter Ventilplattenbereich innerhalb der Saugkammer

In der Ventilplatte besteht zwischen dem Arbeitsraum und der Saugkammer teilweise eine nur etwa 2,7 mm starke Trennwand, welche im Betrieb stark aufgeheizt wird. Dieser Wandbereich wird durch die Sauggasströmung gekühlt – was konstruktiv vom Hersteller so gewollt ist! Obwohl dadurch die Sauggaserwärmung im Saugkammerbereich begünstigt wird. Eine bessere Kühlung ist auch durch die Vergrößerung der mit Kühlmittel durchströmten Flächen innerhalb der verwendeten Ventilplatte zu erwarten. Der vom Kühlmittel durchströmte Bereich, welcher bereits unterhalb der Druckkammer vorhanden ist (s. a. Abbildung 6), wird dafür erweitert. Das Gebiet um das Saugventil herum wird dabei mit dem Kühlmittelkanal der Druckseite verbunden. Der erweiterte Kanal wird gegenüber der Saugkammer durch Auflöten einer Metallplatte vergeschlossen. Den schematischen Aufbau der originalen Ventilplatte sowie einer Ventilplatte mit Kühlkanalerweiterung zeigt Abbildung 9.

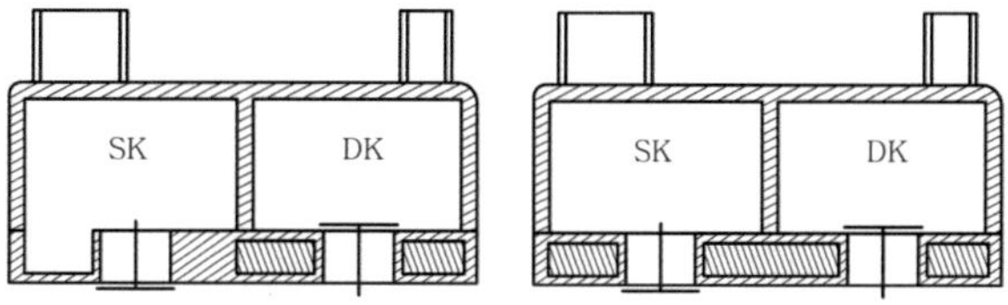

Abbildung 9: Erweiterung des gekühlten Bereichs auf die Saugseite der Ventilplatte

4.3.4 Berippung der Ventilplatte in der Druckkammer

Die Begrenzung der Druckstutzentemperatur ist wichtig, damit für das unvermeidbare Öl-Luft-Gemisch keine Explosionsgefahr besteht. Die Sicherheitsvorschrift für Luftverdichter lässt für die einstufige Förderung über 10 bar nach DIN [83, S. 162] eine Austrittstemperatur von 200 °C zu. Nach Empfehlung der API 618 [83, S. 162] liegt die Austrittstemperatur bei 150 °C.

Für die bessere Abkühlung des einstufig verdichteten Druckgases vor dem Erreichen des Druckstutzens wurden innerhalb der Druckkammer Nadelrippen auf die gekühlte Ventilplatte montiert. Für die Rippen wurden zwei Materialien verwendet. Zuerst Stahlrippen, da diese problemlos verschweißt werden können. Wie aber in Abbildung 10 zu sehen ist, liegt wegen des wesentlich schlechteren Wärmeleitkoeffizienten von Stahl (58 $W \cdot m^{-1} \cdot K^{-1}$) gegenüber Kupfer (372 $W \cdot m^{-1} \cdot K^{-1}$) der nach [101] berechnete Rippenwirkungsgrad bei gleicher Geometrie (Länge, Durchmesser) und gleicher Wärmeübergangsbedingung (315 $W \cdot m^{-2} \cdot K^{-1}$ aus [102]) immer unterhalb des Wirkungsgrades der Kupferrippe. Daher scheint es mit der Verwendung von Kupfer als Rippenmaterial möglich, eindeutigere Ergebnisse zu erzielen. Die Kupferrippen werden durch Hartlöten mit der Ventilplatte verbunden. Um einen maximalen Rippenwirkungsgrad zu erreichen, wurde in den Experimenten ein Durchmesser von 3 mm verwendet. Größere Durchmesser der Nadelnrippen verbessern den Rippenwirkungsgrad weiter, gestatten aber im begrenzten Einbauraum nur eine geringerer Anzahl von Rippen.

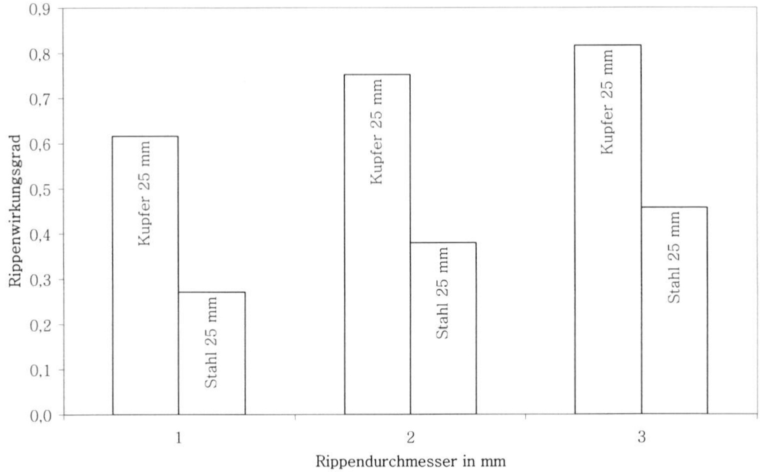

Abbildung 10: Vergleich des nach [101] berechneten Rippenwirkungsgrads von Kupfer und Stahl bei verschiedener Rippenhöhe und -durchmesser

Die Anzahl der Rippen in der Druckkammer lässt sich durch verschiedene Muster – untersucht in [103] – unter Berücksichtigung des notwendigen Montageabstandes auf 33 Stück steigern. Die Benennung der gewählten Anordnung als „Formmuster" beruht auf der „Nachzeichnung" der Fängerkontur durch die verwendeten Rippen. In Abbildung 11 ist die im Experiment verwendete Anordnung für die Stahl- sowie die Kupferrippen zu sehen. Die Kupferrippen wurden an der gleichen Ventilplatte untersucht, nachdem die Stahlrippen entfernt worden waren.

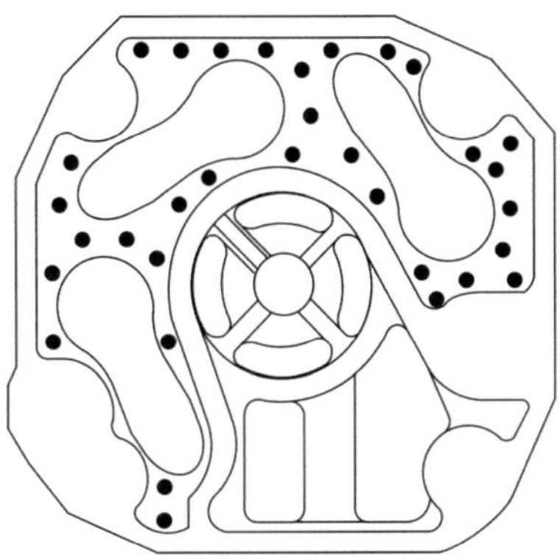

Abbildung 11: Berippung in der Druckkammer (Formmuster, 33 Stück)

Die Beeinflussung der Pufferwirkung der Druckkammer durch die Rippen ist gering, da diese nur 2,5 % des Druckkammervolumens einnehmen. Es ist daher kaum mit einer Beeinflussung des Arbeitsprozesses zu rechnen. Eine Optimierung von Rippengeometrien hinsichtlich des Druckverlustes wurde von [104] untersucht und ergab als Optimum die Form einer Lanzette. Da hierbei aber auf die exakte Ausrichtung in Anströmrichtung geachtet werden muss, um nicht den gegenteiligen Effekt erhöhter Druckverluste zu erhalten, wurde für die durchgeführten Experimente darauf verzichtet und die übliche Zylindergeometrie für die Nadelrippen verwendet.

4.3.5 Zylinderkühlung mittels Kühlmittelgemisch

Der im Nutzfahrzeug eingebaute Verdichter befindet sich im Motorraum. Dort ist während der Fahrt an der Außenseite des Verdichters mit einer konvektiven, erzwungenen Wärmeübertragung zu rechnen. Bei Stadtfahrten wird der Wärmeübergangskoeffizient kleiner. Im Stillstand (Be/Entladung LKW) liegt freie Konvektion vor. Am Versuchsstand entsprechen die äußeren Bedingungen denen im Stillstand, wobei der Wärmeübergangskoeffizient durch freie Konvektion, je nach Drehzahl, im Bereich von 13 bis 15 $W{\cdot}m^{-2}{\cdot}K^{-1}$ liegt. Um eine Verbesserung zu erreichen, wird eine Veränderung der Kühlungsart von der Luftkühlung mit freier Konvektion hin zu einer Wasserkühlung mit erzwungener Konvektion untersucht.

Für die Experimente werden die am Zylinderumfang vorhandenen Rippen außen mit Kunststoffplatten verkleidet (Abbildung 12, schematisch) und die Zwischenräume mit Kühlmittel durchströmt. Die Kanten werden mit Dichtmasse nachmodelliert und Hohlräume ausgespart. Wegen der komplizierten äußeren Form des Zylinders wurde auf diese Art der Ummantelung zurückgegriffen, da keine Geometriedaten vorlagen, um ein verändertes Gehäuse zu konstruieren.

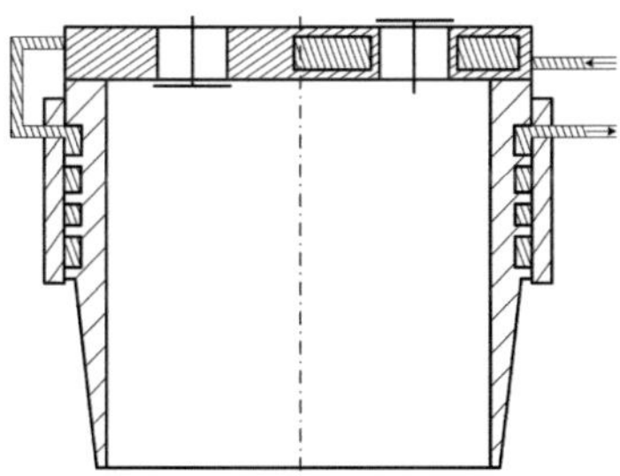

Abbildung 12: Erweiterung der Wasserkühlung auf den Zylindermantel

Das Kühlmittel wird, nachdem es durch die Ventilplatte geströmt ist, der Zylinderkühlung, also in Reihenschaltung, zugeführt. Wegen der geringen Festigkeit der Dichtmasse mussten diese Untersuchungen mit verringertem Kühlmittelvolumenstrom durchgeführt werden.

4.3.6 Zylinderkühlung mittels Luft

Am Versuchsstand wurde auch eine Untersuchung mit erzwungener Konvektion als Fahrwindsimulation durchgeführt. Dabei wird auf drei Ebenen Druckluft mit dem Zustand 7 bar und 16 °C aus dem vorhandenen Druckluftnetz zugeführt (Abbildung 13). Die auftretenden Geschwindigkeiten liegen zwischen 0,8 und 16 $m \cdot s^{-1}$ und wurden mit einem handgeführten Anemometer an verschiedenen Stellen des Verdichters ermittelt. Die mittlere Geschwindigkeit liegt bei 4,9 $m \cdot s^{-1}$ und liefert für ein Modell des beliebig geformten Einzelkörpers nach [101] einen Wert von 39 $W \cdot m^{-2} \cdot K^{-1}$ für den Wärmeübergangskoeffizienten. Bei direkter Anströmung mit dem maximal gemessenen Wert von 16 $m \cdot s^{-1}$, also fast 60 $km \cdot h^{-1}$, liegt der so errechnete Wärmeübergangskoeffizient bei 89 $W \cdot m^{-2} \cdot K^{-1}$.

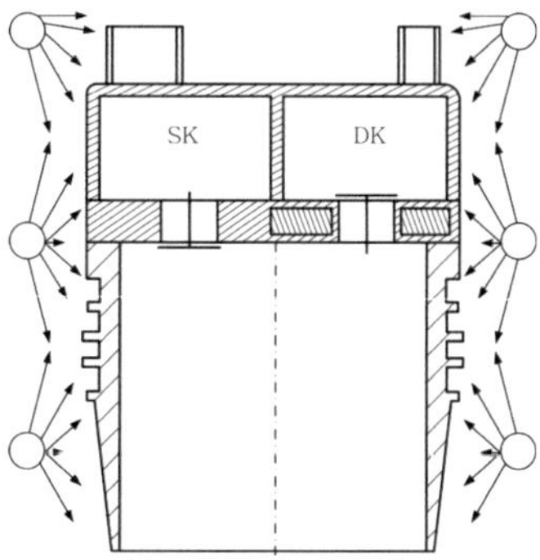

Abbildung 13: Erzwungene Konvektion am Verdichtergehäuse

4.4 Verdichter unter veränderten Betriebsbedingungen

4.4.1 Verändertes Druckverhältnis

Durch Variieren der Betriebsbedingungen lässt sich ebenfalls eine Veränderung der Verdichtereffektivität erreichen. Obwohl diese Untersuchungen keinen verbesserten Verdichter betreffen, sind sie durchaus von Interesse, weil die Maschine als Nutzfahrzeugverdichter nicht nur in einem stationären Arbeitspunkt betrieben wird und weil der Luftverdichter beim weltweiten Einsatz im Nutzfahrzeug verschiedensten Umgebungsbedingungen ausgesetzt ist.

Untersucht wurden Druckverhältnisse einer mathematischen Reihe folgend von 3, 5, 8 und dem Maximum von 13,5.

4.4.2 Veränderte Kühlmittel- und Ansaugtemperatur

Weiterhin wird bei einem Druckverhältnis von 13,5 die Kühlmitteltemperatur von 80 °C auf 60 °C und die Ansaugtemperatur von 60 °C auf 40 °C sowie 20 °C gesenkt.

4.4.3 Verdichter ohne Kühlung und Gegendruck

Der isotherme Prozess kann praktisch nicht erreicht werden, da die Kühlleistung begrenzt ist und der Vorgang zudem sehr schnell abläuft. Eine bessere Annäherung an die isotherme Verdichtung wurde in der Literatur durch das Einsprühen/Einspritzen von Flüssigkeit in den Arbeitsraum beschrieben. Diese Kühlmethode ist in dieser Arbeit nicht untersucht worden. Das andere Extrem – der adiabate Prozess – lässt sich aber annähernd dadurch erreichen, dass der Verdichter im Ganzen gut isoliert sowie die Kühlmittelversorgung der Ventilplatte abgeschaltet wird. Die Ölversorgung wird nicht abgeschaltet, da sie für die ölgeschmierten Lager der Kurbelwelle erforderlich ist.

Der Verdichter ist im Nutzfahrzeug direkt mit dem Motor verbunden, wird nur zeitweise und aber dann innerhalb eines Drehzahlbandes mit permanent veränderlichem Druckverhältnis betrieben. Wird der Verdichter nicht zur Drucklufterzeugung benötigt, so müssen die Strömungsverluste in den Ventilen und der Anlage bis zur APU sowie die mechanischen Verluste überwunden werden. Der Leerlauf stellt sich bei Erreichen des maximalen Druckverhältnisses durch Umschalten der APU vom Druckluftsystem zur Umgebung ein. In welcher Größenordnung dieser Aufwand für die jeweilige Drehzahl liegt, wird mit diesen Untersuchungen nachgegangen.

5. Theoretische Untersuchungen der Wärmeströme im Zylinderkopf

5.1 Arbeitsprozess als Randbedingung

5.1.1 Annahmen für die Berechnung

Für eine Strömungssimulation zur Abschätzung des Wärmeübergangs in der Saug- und Druckkammer ist, neben der Temperatur am Eintritt in das Berechnungsgebiet und der Wandtemperatur, der Massestrom am Saug- bzw. Druckventil eine entscheidende Vorgabe.

Um die Randbedingungen für die Strömungssimulation bereitstellen zu können, werden die Vorgänge im Arbeitsraum (für mehrere Arbeitsspiele) berechnet. Hierbei sollen drei verschiedene Strömungsszenarien für die Saug- und die Druckkammer bei 750 und 2430 min^{-1} untersucht werden:

a) Die Kammer wird stationär mit dem Massestrom durchströmt, der sich aus der gleichmäßigen Aufteilung der pro Arbeitsspiel geförderten Masse auf die Zeit eines Arbeitsspieles ergibt. Diese Annahme soll im Weiteren kurz als "konstanter Massestrom" bezeichnet werden.

b) Die Kammer wird instationär durchströmt, wobei sich der Massestrom aus der Verdrängungsfunktion des Kolbens ergibt und der Ventilhub einem idealen Ventil mit einer Öffnungsphase ohne ein Ventilflattern entspricht. Diese Vorgabe des Massestromes wird nachfolgend als "verdrängter Massestrom" bezeichnet.

c) Die Kammer wird instationär durchströmt, wobei auch überlagerte höherfrequente Schwankungen des Massestroms durch Gaspulsationen in den Rohrleitungen und/oder Ventilflattern, also ein reales Ventilverhalten, berücksichtigt werden. Dieser Ansatz wird im Weiteren kurz "pulsierender Massestrom" genannt.

Die zwangsläufige Gemeinsamkeit der drei Modelle ist die Übereinstimmung des Massestroms über ein Arbeitsspiel nach Gleichung (12)

$$\dot{m}_{konstant} = \dot{m}_{verdrängt} = \dot{m}_{pulsierend} \quad \text{mit} \quad \dot{m} = \frac{1}{\tau_{ges}} \cdot \int_{\tau=0}^{\tau=\tau_{ges}} \dot{m} \cdot d\tau \qquad \text{Gl. (12)}$$

Die verwendeten Modelle, Ansätze und Vereinfachungen werden im Folgenden behandelt.

Für das in dieser Arbeit betrachtete Medium „trockene Luft" wurde das thermodynamische Modell des idealen Gases verwendet. Die in der Arbeitsraumberechnung benötigten Werte für die Wärmekapazität c_p sind daher aus dem Isentropenexponenten errechnet worden. Die Dichte ρ ergibt sich aus der Gleichung für ideale Gase. Die für den Wärmeübergang im Arbeitsraum benötigten Größen für die dynamische Viskosität η, die Wärmeleitfähigkeit λ sowie die Prandtl-Zahl Pr wurden über eine Ansatzfunktion der Form $y = x^a$ aus [105] mit Werten für den betrachteten Druck- und Temperaturbereich aus [5] für jeden Zeitschritt druck- und temperaturabhängig bestimmt. Dabei ergibt sich für die Gleichung $y = x^a$ durch logarithmieren ($\ln y = a \ln x$) bzw. bei Vermeiden dimensionsbehafteter Argumente im Logarithmus $\ln (y/y_0) = a \ln (x/x_0)$. Hierbei dürfen die Bezugswerte y_0 sowie x_0 nicht gleich Null gesetzt werden. Der Exponent a wird aus n Wertepaaren für den erwarteten Druck- und Temperaturbereich bestimmt. Durch geschickte Wahl der Bezugstemperatur und des Bezugsdruckes wird der mittlere Fehler der Ansatzfunktion für die genannten Stoffwerte nicht größer als ein Prozent.

Wesentlich für die Berechnung des zeitabhängigen Massestromverlaufs ist die Betrachtung der Ventilbewegung. Eine vereinfachte Behandlung mit einem Ventilmodell ohne dynamisches Verhalten spiegelt nicht die realen Bedingungen wider und erlaubt es nicht, das gemessene Indikatordiagramm hinreichend genau nachzubilden. Der Aufwand für die Berechnung des Ventilverhaltens lässt sich jedoch erheblich verringern, indem die reale Geometrie durch ein in Abbildung 14 gezeigtes System aus Federkraft und Strömungskraft mit einem Freiheitsgrad ersetzt wird. Das ist ein übliches Vorgehen [18, 106, S. 148], um beispielsweise bei der Drucklamelle die aufwendige Berechnung der Bewegungsgleichung als einseitig eingespannter Biegebalken zu vermeiden. Für die Sauglamelle, mit ihrem komplizierten Aufbau, wäre sogar eine FEM-Berechnung erforderlich.

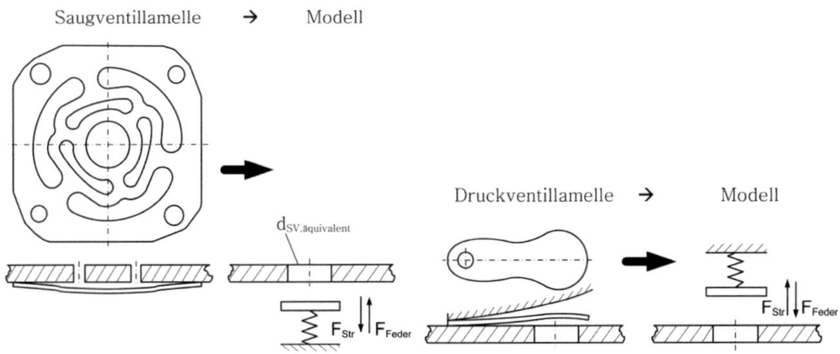

Abbildung 14: Modellbildung der Ventilbetrachtung

Weitere Vereinfachungen bestehen in der Vernachlässigung des Rückprallens beim Festkörperkontakt der Ventile sowie dem außer Acht lassen einer Kraft durch die Masse der Ventile. Die einzelnen Ansaugöffnungen werden in ihrer Gesamtfläche als eine große Saugöffnung erfasst. Mit dem für jeden Zeitschritt errechneten Ventilhub und dem sich daraus ergebenen Strömungsquerschnitt wird der Massestrom bei eindimensionaler Strömung mit den üblichen Formeln für die Geschwindigkeit nach Saint-Venant und Wantzel für das Ausströmen aus Druckbehältern berechnet.

Weitere Einflussfaktoren auf den Prozessablauf sind die verschiedenen Leckagestellen des Arbeitsraums. Hierzu zählen die Saug- und Druckventile sowie die (ölgeschmierten) Kolbenringe. Diese Einflüsse lassen sich schwierig in ihrer absoluten Größe erfassen, da Leckageströme bei einer intakten Maschine sehr gering sind. Der Leckagebestimmung wird in dieser Arbeit nicht weiter nachgegangen und die Maschine für die Nachrechnung des Arbeitsprozesses als ideal dichte Maschine angenommen.

Bei der Modellierung der Vorgänge im Arbeitsraum werden die Druckverläufe in der Saug- und Druckkammer benötigt, um das Öffnungsverhalten der Ventile zu berechnen. Werden dabei die Kammerdrücke als konstant angesehen, so kann die flatternde

Bewegung der Lamellen nicht nachgebildet werden. Es würde dann der Pulsationseinfluss auf den Ausnutzungsgrad bzw. Ventilmassestrom, den Arbeitsaufwand und die Wärmeübertragung vernachlässigt werden.

Prinzipiell gibt es die Möglichkeit, die Pulsationen in den Kammern zu berechnen [107, 108]. Das führt jedoch zu erhöhtem Rechenaufwand, weiteren Annahmen und Vereinfachungen und somit zu einer erhöhten Ungenauigkeit der berechneten Druckverläufe [109]. Aus diesem Grund wird in dieser Arbeit der experimentell erfasste Druckverlauf in den Kammern für die Berechung verwendet, so dass ein hybrides Modell entsteht, welches den Druckverlauf im Arbeitsraum $p_{AR}(\tau)$ errechnet, aber auf Messwerte der Saug- und Druckkammer als Randbedingungen zurückgreift.

Zur Anpassung des berechneten Prozesses an den gemessenen wurde der Wärmeübergang im Arbeitsraum einbezogen (s. a. Gl. (7, 8, 9)). Allerdings führte keine der verwendeten Formeln aus der Literatur zum gewünschten Ergebnis. Deshalb wurden für die einzelnen Phasen des Arbeitsprozesses separate Nusseltansätze mit angepassten Konstanten verwendet. Das Arbeitsspiel wird dabei nach dem Vorbild der Betrachtung von Woschni (siehe [25, 26]) in die Phasen Expansion, Ladungswechsel und Verdichtung eingeteilt.

An dieser Stelle muss darauf hingewiesen werden, dass es sich beim errechneten Wärmeübergang im Arbeitsraum nicht zwangsläufig um die „richtigen“ Werte handelt. Vielmehr ist der berechnete Wärmeübergang auch eine Stellschraube für die Anpassung der Indikatordiagramme aus Messung und Rechnung, insbesondere weil die Maschine als dicht angesehen wird.

5.1.2 Ausführung der Berechnung

Bei der Anpassung der berechneten an die gemessenen Werte des Indikatordiagramms sind die folgenden Werte unveränderlich:

- die gemessenen Temperaturen der Zylinderwand, des Sauggases, der Ventilplatte, des Kolbens (als Annahme),
- die Drehzahl,
- die Leckage (= Null, dichte Maschine),
- die Geometriedaten des Verdichters,
- die Ventilgeometrie.

Darüber hinaus sind variable Einstellparameter nötig, die in physikalisch sinnvollem Rahmen angepasst werden. Dazu gehören:

- die Ventilmasse und Federkonstante,
- der Strömungs- und Kraftbeiwert,
- die Ventilklebezeit (Saugventil),
- die Parameter zur Berechnung des Wärmeübergangskoeffizienten,
- der Saug- und Druckkammerdruck sowie der Strömungsbeiwert bei der Betrachtung des "verdrängten Massestroms",
- ein Niveaufehler des gemessenen Druckverlaufs in der Saug- und Druckkammer.

Für die näherungsweise Berechnung der zeitabhängigen Größen im Arbeitsraum wird ein nulldimensionales Modell verwendet, welches örtliche Unterschiede und kinetische Energie im Arbeitsraum vernachlässigt sowie ideales Gasverhalten voraussetzt. Somit können die zeitlichen Änderungen von Druck $dp/d\tau$, Temperatur $dT/d\tau$, Volumen $dV/d\tau$, Masse $dm/d\tau$ sowie die Änderung der Wärme bzw. Enthalpie $dQ/d\tau$ bzw.

dH/dτ im Arbeitsraum nach dem Gleichungssystem aus [110, S. 28] berechnet werden.

Diese Betrachtungsweise der Vorgänge im Arbeitsraum liefert eine mögliche Lösung, die nur in der Nähe der Realität liegt, jedoch nicht den Anspruch auf absolute Gültigkeit hat.

Nachdem, durch Anpassen der Einstellparameter, nahezu eine Übereinstimmung des berechneten mit dem gemessenen p,V – Diagramm erreicht wurde, liefert die Berechnung der Vorgänge im Arbeitsraum auch die nötigen Randbedingungen für die Strömungssimulation. Diese Verläufe sind für die Übereinstimmung der Indikatordiagramme des „pulsierenden Massestroms“ sowie der Massenstromvorgaben aller drei Modelle grafisch im Anhang B in Abbildung 37 und 38 bzw. 39 bis 42 aufgeführt.

Die Kriterien der Übereinstimmung von gemessenen und gerechneten Werten sind:

- die indizierte Arbeit im berechneten und experimentell ermittelten Indikatordiagramm,
- der berechnete Gesamtmassestrom des Saugventils und der experimentell ermittelte (stationäre) Massestrom,
- die qualitative Übereinstimmung des Saugventilhubes mit dem Signal des kapazitiven Bewegungssensors (für das Druckventil konnte mit dem verwendeten System kein Signal ermittelt werden).

Abbruchkriterium für die über mehrere Arbeitsspiele laufende Prozessberechnung waren hinreichend kleine

- Masseänderungen,
- Temperaturänderungen,
- sowie Druckänderungen im Arbeitsraum.

Die Werte der Übereinstimmungskriterien bei der Berechnung mit "pulsierendem Massestrom" sind in Tabelle 1 aufgelistet.

750 min^{-1}	m_{AR}	T_{AR}	p_{AR}		$\dot{m}_{SV}$	W_{ind}
Einheit	g	K	Pa		$kg \cdot h^{-1}$	J
0°	0,10682	420,5	1391155	Berechnung	10,58	123,31
360°	0,10685	420,3	1387382	Messung	10,54	124,20
Differenz	0,00003	-0,1	-3773,6		-0,04	0,89
Differenz %	0,03		-0,27		-0,39	0,72
2430 min^{-1}	m_{AR}	T_{AR}	p_{AR}		$\dot{m}_{SV}$	W_{ind}
Einheit	g	K	Pa		$kg \cdot h^{-1}$	J
0°	0,07171	728,1	1511730	Berechnung	34,24	128,69
360°	0,07222	732,7	1511732	Messung	34,95	131,61
Differenz	0,00051	4,6	1,4		0,71	2,91
Differenz %	0,72		0,00		2,06	2,26

Tabelle 1: Übereinstimmungskriterien für die Arbeitsraumberechnung im oberen Totpunkt mit "pulsierendem Massestrom", Drehzahl 750 und 2430 min^{-1}

Es lässt sich eine akzeptabel geringe Abweichung zwischen den Werten erkennen. Der berechnete Massestromverlauf für die Saugkammer sowie Massestrom- und Temperaturverlauf für die Druckkammer werden als Randbedingung für die Strömungssimulation der Saug- und Druckkammer verwendet. Für die Berechnung mit "verdrängtem Massestrom" wurde nur auf den bereits erwähnten Gesamtmassestrom durch das Saugventil geachtet. Die für dieses ideale Ventil berechneten Werte, der in Tabelle 1 für das flatternde Ventil dargestellten Art, zeigen ebenfalls eine geringe Abweichung, wobei das Indikatordiagramm, vor allem im Bereich der Ausschubphase, einen anderen Verlauf als das gemessene Diagramm aufweist.

5.2. Berechnung von Strömung und Wärmeübergang in Saug- und Druckkammer

5.2.1 Vereinfachung der Saugkammergeometrie

Die Berechnung der Strömung in der Saug- und Druckkammer erfolgte mit dem Ziel, die auftretenden Wärmeströme zwischen Kammerwand und Gas theoretisch abzuschätzen und die Wärmeübergangskoeffizienten zu bestimmen. Verwendet wird für die Strömungssimulation hierbei der kommerzielle Navier-Stokes-Code ANSYS® CFX.

Ein weiterer Zweck der durchgeführten Strömungssimulation ist es, den Einfluss verschiedener Drehzahlen sowie verschiedener Modelle für den vom Arbeitsprozess und Ventilverhalten bestimmten Massestrom zu untersuchen. Dabei werden Saug- und Druckkammer getrennt betrachtet und die bewegten Ventillamellen nur indirekt über den Massestromverlauf berücksichtigt.

Obwohl es technisch möglich wäre eine gekoppelte Simulation zwischen Festkörper und Strömungsgebiet als Fluid-Struktur-Kopplung auszuführen, wird hier nur die Berechnung der Strömung vorgenommen. Die Geometrie der Saugkammer wird durch ihre Oberfläche sowie ihre Zu- und Abströmflächen beschrieben. Um die vorhandene Geometrie leichter abbilden zu können, werden gewisse, in Abbildung 15 dargestellte, Vereinfachungen vorgenommen. Diese erwiesen sich in Vorversuchen als nötig hinsichtlich der Netzerstellung sowie der Berechnung.

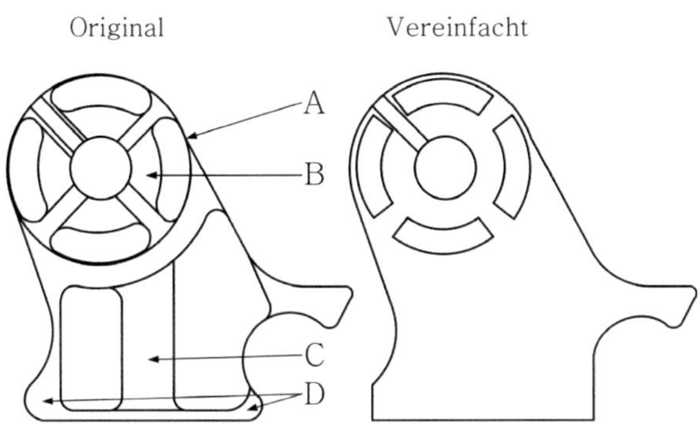

A Versatz der Saugventile
B Vernachlässigung Saugventiltreppe
C Vernachlässigung Saugkammerausschnitt
D Abschneiden Saugkammervolumen

Abbildung 15: Vereinfachung der Saugkammergeometrie

Hierzu zählt:

- das Versetzen der Saugventile um ca. 1 mm sowie die Vernachlässigung der Übergangsradien (A),
- die Vernachlässigung der Saugventiltreppe (B),
- die Glättung der Ventilplattenoberfläche (C),
- das Vernachlässigen des Volumens (D),
- das Anfasen der Saugventileingänge auf 0,5 x 0,5 mm sowie

die vollständige Vernachlässigung der Versteifungsrippen im Deckelbereich der Kammer.

5.2.2 Vereinfachung der Druckkammergeometrie

Der Rechenbereich der Druckkammerdurchströmung ist ebenfalls von der Oberfläche und den Zu- und Abströmflächen begrenzt. Da hier beim Vernetzen ähnliche Probleme wie bei der Saugkammer entstanden, wurden die in Abbildung 16 dargestellten Vereinfachungen vorgenommen:

- die Vernachlässigung der Schrauben an den Ventilfängern (A),
- das Begradigen der Kontur und die Vergrößerung des Abstandes zwischen der Außenkontur und den Fängern (B, D),
- das Vernachlässigen des Volumens (C) sowie
- das Ersetzen der kreisbogenförmigen Fängerkontur durch einen geraden Teil (nicht in Abbildung 16 – Seitenansicht erforderlich)
- und, wie bereits bei der Saugkammer, die Vernachlässigung der Versteifungsrippen im Deckelbereich der Kammer.

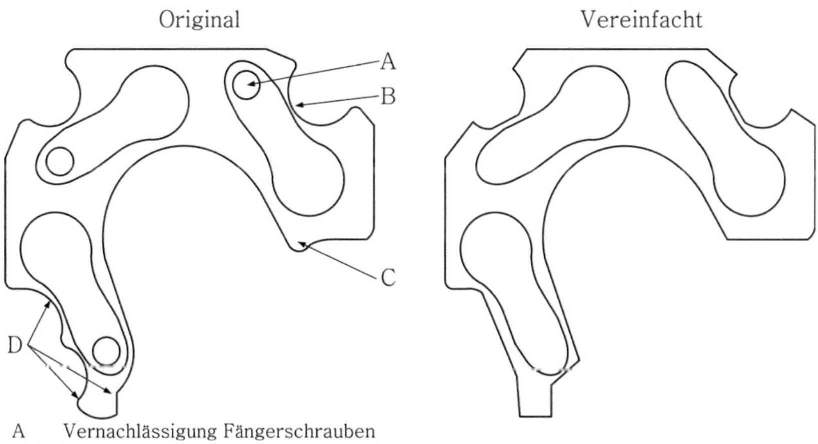

A Vernachlässigung Fängerschrauben
B, D Begradigung der Radien
C Abschneiden Druckkammervolumen

Abbildung 16: Vereinfachung der Druckkammergeometrie

5.2.3 Aufteilung der Saug- und Druckkammerteiloberflächen

Zur Vorgabe der Randbedingungen und zum Erhalt von Detailinformationen über die Wärmeströme und die Wärmeübergangskoeffizienten an den verschiedenen Wänden, wird die Oberfläche vor der Vernetzung unterteilt.

In den Abbildungen 17 und 18 sind die Oberflächenteile der Saugkammer und der Druckkammer dargestellt.

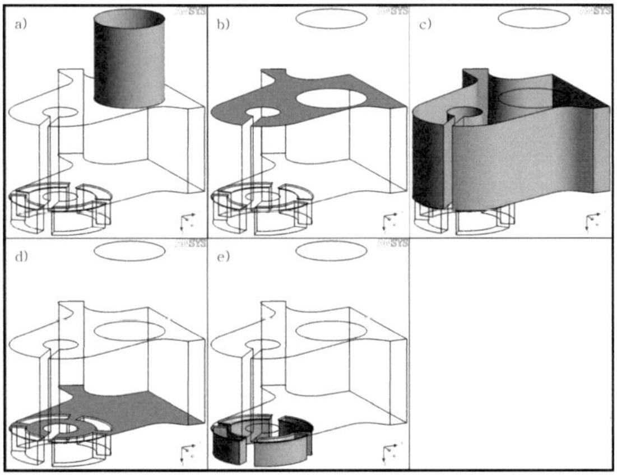

Abbildung 17: Einteilung der Saugkammeroberfläche

Die Saugkammeroberfläche ist eingeteilt in den Saugstutzen a), den Saugkammerdeckel b), die Saugkammerseiten c), als gesamte Mantelfläche, die Ventilplatte d) und den Saugventildurchgang e) – bestehend aus vier nierenförmigen Öffnungen.

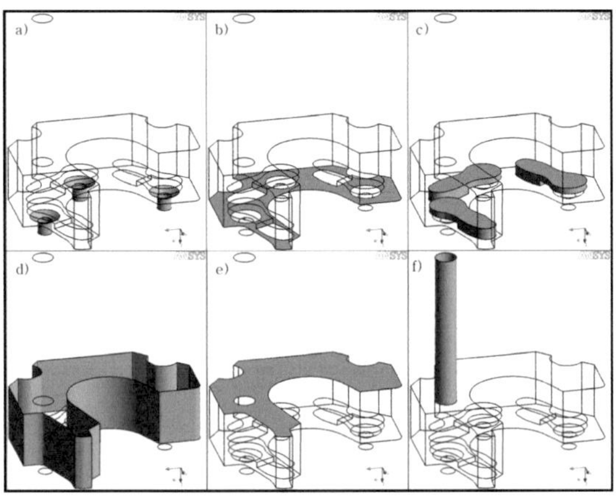

Abbildung 18: Einteilung der Druckkammeroberfläche

Die Druckkammeroberfläche ist unterteilt in die drei Druckventildurchgänge a), die Ventilplatte b), die drei Ventilfänger c), die Druckkammerseiten d), ebenfalls als Gesamtfläche, den Druckkammerdeckel e) und den Druckstutzen f).

Die Teilflächen stimmen wegen der getroffenen Vereinfachungen nicht exakt mit dem Original überein und sind in Tabelle 2 aufgelistet. Erkennbar wird, dass die Seitenwände beider Kammern eine Größenordnung größer sind als die sonstigen Teilflächen.

Saugkammerflächen in m^2		Druckkammerflächen in m^2	
Saugstutzen a)	0,00336	Druckventildurchgang a)	0,00155
Saugkammerdeckel b)	0,00305	Ventilplatte b)	0,00439
Saugkammerseiten c)	0,01346	Ventilfänger c)	0,00690
Ventilplatte d)	0,00310	Druckkammerseiten d)	0,01808
Saugventildurchgang e)	0,00263	Druckkammerdeckel e)	0,00628
		Druckstutzen f)	0,00438
Gesamt	0,02560	Gesamt	0,04158

Tabelle 2: Größe der Teilflächen von Saug- und Druckkammer

5.2.4 Diskretisierung des Strömungsvolumens

Zur Diskretisierung wird der Netzgenerator ANSYS ICEM genutzt. Es besteht prinzipiell die Möglichkeit, ein strukturiertes oder unstrukturiertes Netz zu verwenden. Da die Oberfläche der Kammern trotz der Vereinfachungen noch kompliziert und nicht einfach „zusammenhängend" ist, wäre die Erstellung eines strukturierten Netzes äußerst zeitaufwändig. Deshalb wurde ein unstrukturiertes Netz aus Tetraedern verwendet, dessen Erstellung im Wesentlichen automatisiert erfolgen kann.

Die für die Strömung und den Wärmeübergang besonders wichtige Randschicht wird durch Prismenelemente diskretisiert. Es wird eine Gesamthöhe, eine Starthöhe – die Höhe der wandnächsten Schicht – sowie die Anzahl der Einzelschichten innerhalb der Randschicht vorgegeben. Für die Festlegungen dieser Parameter wird auf die Erfahrung aus [102] zurückgegriffen.

Um eine Approximation des wandnächsten Bereiches durch Wandfunktionen zu vermeiden, müssen so viele Schichten verwendet werden, dass ein dimensionsloser Wandabstand von $y^+ \leq 2$ erreicht wird. Die Randschicht wurde auf sämtliche Wände aufgebracht. Das erstellte Netz, bestehend aus Tetraedern und Prismenschichten, im wandnahen Bereich, bedarf, nach der Überprüfung auf Defekte, einer Optimierung seiner Qualität. Diese Qualität kann Werte zwischen null und eins annehmen, wobei eine Gitterqualität $\geq$ 0,3 als hinreichend gilt. Bei komplizierter Geometrie und Verwendung von Randschichten ist das Erreichen dieses Kriteriums schwierig oder gar unmöglich. Im vorliegenden Anwendungsfall wurde dieses Kriterium nicht überall erreicht. Das lässt eine langsamere Berechnung, aber nicht unbedingt schlechtere Ergebnisse erwarten.

Die Einstellungen zur Netzerstellung sind in Tabelle 3 aufgeführt. Für die Saug- und Druckkammer ergibt sich ein unterschiedlich großes Netz, wobei die Einstellungen für die Randschicht bei der Saugkammer und der Druckkammer gleich sind.

	Aufbau	Starthöhe	Schichtenanzahl	Gesamthöhe
Grenzschicht	linear	0,001	20	0,5
	Volumen	Elementzahl	Knotenzahl	Max. Elementgröße
Saugkammer	172 ml	674287	231213	2 mm
Druckkammer	234 ml	590536	219339	3,5 mm

Tabelle 3: Netzparameter der Saugkammer- und der Druckkammerberechnung

Das zur Berechnung der Strömung verwendete Rechennetz ist für die Saugkammer und die Druckkammer ausschnittsweise in Abbildung 19 links bzw. rechts zu sehen. Gezeigt ist in beiden Fällen das Netz in Höhe der Ventilplatte, so dass die Ventildurchgänge zu erkennen sind. Die auf die Wände aufgebrachte Randschicht stellt sich senkrecht zur Schnittebene als „dicke Linie" dar.

Abbildung 19: Ausschnitt Rechengitter der Saugkammer und der Druckkammer mit Randschicht

5.2.5 Einstellungen für den Ablauf der Strömungsberechnung

Die instationären Berechnungen mit zeitabhängigem Massestrom wurden für die zwei Drehzahlen 750 und 2430 min^{-1} durchgeführt. Der Berechnungszeitraum wurde für die Saugkammer über zwei - und für die Druckkammer über drei Umdrehungen gewählt, wobei jeweils der Zeitraum der letzten Umdrehung ausgewertet wurde. Für die stationären Untersuchungen wird die Rechnung nach dem Erreichen konstanter Werte für die Wärmeströme abgebrochen.

Die instationären Berechnungen erfolgen mit der Vorgabe der Courant-Zahl für die Steuerung der Zeitschrittweite. Der Vorteil besteht darin, dass die hier verwendete „Maximale" Courant-Zahl von Fünf nahezu konstant gehalten wird, sodass die Zeitschrittweite angepasst wird. Wenn schnelle Änderungen der Strömung wie in der Ansaugphase oder Ausschubphase auftreten, so wird die Zeitschrittweite verringert.

Wenn sich die Strömung beruhigt, wird die Zeitschrittweite automatisch vergrößert. Die zeitveränderliche Schrittweite muss bei der Bildung zeitlicher Mittelwerte in der Ergebnisauswertung beachtet werden.

Für die Berechnung der Strömung werden im Programm ein Referenzdruck und die Fluidart vorgegeben, wobei die Stoffdaten der Luft mit der Vereinfachung des idealen Gases Anwendung finden. Für die Turbulenz wird das SST- Modell verwendet. Die Berechnungen erfolgen ohne Strahlungseinfluss.

Für die als Wände definierten Begrenzungen des Rechengebietes muss die Temperaturverteilung vorgegeben werden. Hier wird eine konstante Temperatur als Spezialfall der Temperaturverteilung auf den Kammerwänden angenommen. Für die Drehzahl von 750 bzw. 2430 min^{-1} wird eine Wandtemperatur von 120 bzw. 190 °C angenommen. Diese Temperaturen wurden anhand der Messergebnisse in [2] ausgewählt.

Der Eingang in die Saugkammer wird als freie Öffnung („Opening") definiert, die eine Strömung in beide Richtungen zulässt. Diese Öffnung enthält eine Druck-Randbedingung (Umgebungsdruck 1 bar) sowie eine Temperatur-Randbedingung (T_S 60 °C). Am Ausgang des Rechengebietes wird der Massestrom als zeitveränderliche bzw. zeitkonstante Randbedingung vorgegeben.

Am Eingang der Druckkammer werden die Temperatur und der Massestrom vorgegeben, ebenfalls als zeitveränderliche bzw. zeitkonstante Randbedingung. Am Ausgang der Druckkammer wird die Bedingung Austrittsöffnung („Outlet") mit konstantem Hochdruck verwendet.

Die Berechnung erfolgt mit dem „High Resolution"-Verfahren. Es wird Konvergenz auf ein mittleres Residuen („RMS") = 0,009 angestrebt, die Iteration aber auf maximal drei Iterationen je Zeitschritt begrenzt. Danach wird auch ohne Erreichen des Konvergenzkriteriums zum nächsten Zeitschritt übergegangen. Die erneute Berechnung eines Zeitschrittes kommt in der Regel nur während des „Ventilöffnens" und da beim Öffnen des Druckventils häufiger als beim Öffnen des Saugventils vor. Es wird jeweils der letzte Rechenschritt ausgewertet.

Als Ergebnis der Rechnung werden die mittleren Werte der Dichte, des Druckes und der Temperatur im Rechengebiet ausgegeben. Für die Teilflächen werden die Wärmeströme, für die Ein- und Ausgänge der Massestrom- und der Temperaturverlauf abgefragt. Die Ausgabe der berechneten Zeitverläufe erfolgt über die „Monitoring"-Funktion.

5.3 Temperaturfeld-Berechnung im Zylinderkopf

5.3.1 Bilanzierung

Hierbei werden der Zylinderkopf, die Ventilplatte sowie ein Teil des Zylinders durch Volumenelemente nachgebildet. Das Prinzip der Bilanzierung ist in Abbildung 20 und Gleichung (13) am Beispiel eines Wandelements mit Kontakt der Oberfläche „West" zum Fluid dargestellt.

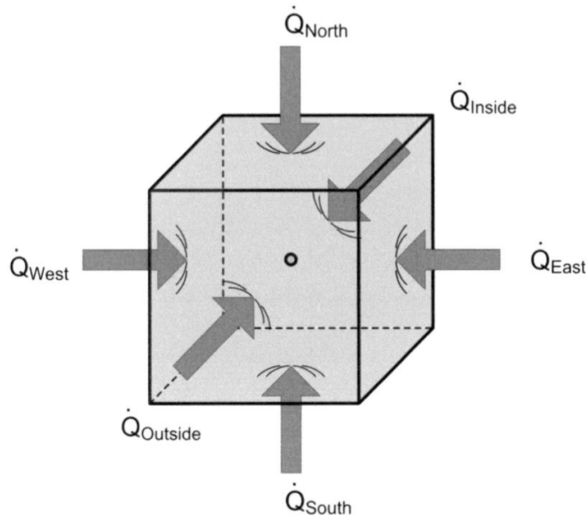

Abbildung 20: Beispiel für Bilanzierung der Wärmeströme an einem Bilanzelement

Es werden Volumenelemente mit äquidistanten Längen Δx=Δy=Δz gewählt. Die Kantenlänge beträgt 2,75 mm.

$$t = \frac{\alpha \cdot A \cdot t_{Fluid} + \frac{\lambda}{\Delta x} \cdot A \cdot \left(t_{East} + t_{North} + t_{South} + t_{Inside} + t_{Outside}\right)}{5 \cdot \frac{\lambda}{\Delta x} \cdot A + \alpha \cdot A} \qquad \text{Gl. (13)}$$

In der Gleichung müssen die Temperatur des Fluides, der Wärmeübergangskoeffizient sowie der Wärmeleitkoeffizient im Festkörper vorgegeben werden. Diese Werte stammen aus den Ergebnissen der Experimente und der Strömungssimulation. Da eine stationäre Temperaturverteilung berechnet wird, werden zeitliche Mittelwerte verwendet.

5.3.2 Randbedingungen und Vereinfachungen

Als Temperaturrandbedingung für die unterste Schicht des Zylinders wird eine konstante Temperatur angesetzt, welche einem umfangsgemittelten Messwert entspricht. Der Grund für diese Annahme ist zum einen der geringe Unterschied der mit Thermoelementen erfassten Temperaturwerte auf verschiedenen Zylinderseiten. Zum anderen ist aus den Aufnahmen der Thermokamera eine erhebliche Verringerung der Temperaturunterschiede mit zunehmendem Abstand vom Zylinderkopf erkennbar (siehe Abbildung 21).

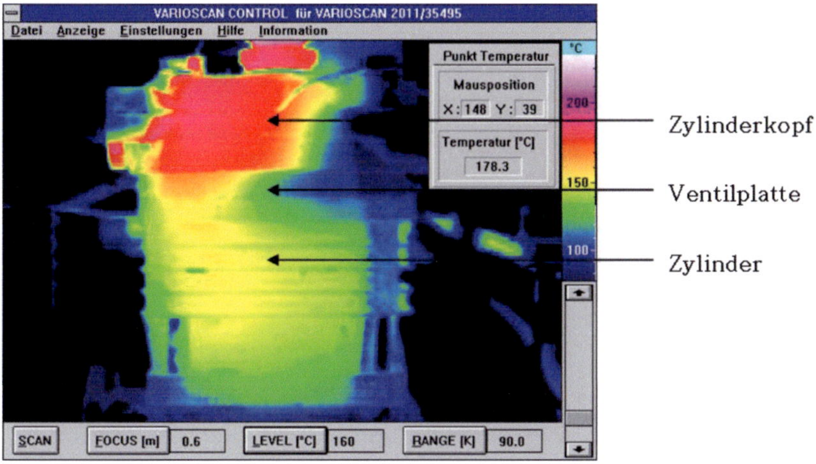

Abbildung 21: Thermografieaufnahme einer Zylinderseite bei Nenndrehzahl und Basiseinstellungen der Experimente [2, Messung M5_2_n24.3pÜ12.5cw80sh60]

Abbildung 22 zeigt als Beispiel eine Schicht der Ventilplatte. Es sind die Konturen der geringfügig veränderten Geometrie des Zylinderkopfes und der Kühlkanal ebenso wie die Ventildurchgänge zu erkennen. Die Ventilfänger bleiben in der Temperaturfeldberechnung unberücksichtigt.

Die kunststoffbeschichtete Dichtung zwischen dem Zylinderkopf aus Aluminium und der Ventilplatte aus Stahl wird wegen der geringen Höhe von ca. 0,3 mm nicht als eigene Schicht nachgebildet, sondern durch eine geringere Wärmeleitfähigkeit ($5\ W{\cdot}m^{-1}{\cdot}K^{-1}$) der untersten Zylinderkopfschicht approximiert. Ebenso wird der Übergang zwischen der Ventilplatte und dem Zylinder über eine geringere Wärmeleitfähigkeit ($40\ W{\cdot}m^{-1}{\cdot}K^{-1}$) der obersten Zylinderschicht berücksichtigt.

Die Berechnung des stationären Temperaturfeldes erfolgt iterativ mit 10.000 Schritten. Bei den beiden untersuchten Drehzahlen wurden jeweils zwei Varianten gegenüber gestellt, die sich durch die Annahme teilflächenspezifischer bzw. teilflächengemittelter Werte für den Wärmeübergangskoeffizienten unterscheiden.

Die Werte für den Wärmeübergangskoeffizienten finden sich in Anhang D (Tabelle 25, Tabelle 27). Für den Arbeitsraum wurden mittlere Werte des Wärmeübergangskoeffizienten und der Arbeitsraumtemperatur aus der Berechnung der Vorgänge im Arbeitsraum verwendet. An der Außenoberfläche zur Umgebung wurde ein für freie Konvektion berechneter Wärmeübergangskoeffizient eingesetzt (siehe Anhang D, Tabelle 23). Die wichtigsten Bauteile des Versuchsverdichters sowie deren Stoffeigenschaften und Abmessungen sind in Anhang D (Tabelle 24) aufgeführt.

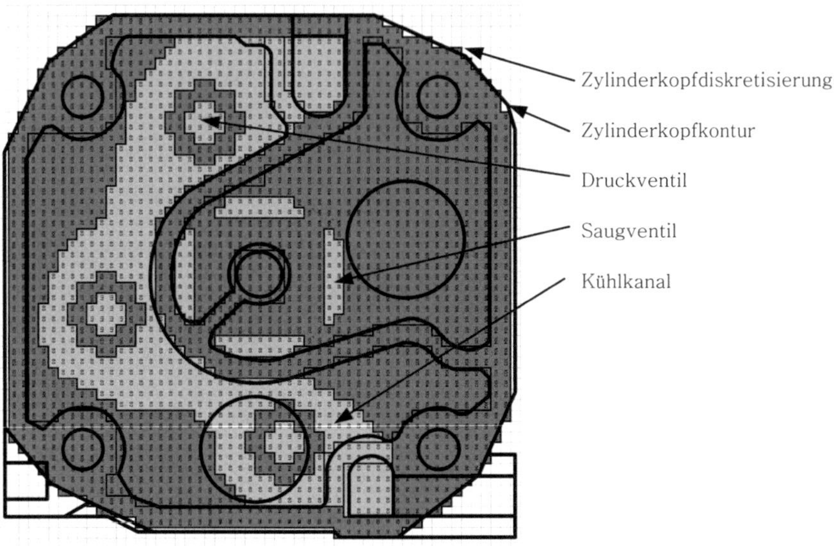

Abbildung 22: Nachbilden der Zylinderkopfgeometrie mit Bilanzelementen

5.3.3 Einstellungen für die Berechnung und Lage der Vergleichsstellen

Zur Validierung der berechneten Temperaturverteilung wird die Abweichung gegenüber diskreten Temperaturmesspunkten verwendet. Eine Annäherung der berechneten Werte an das Experiment wird durch Anpassung der aus der Strömungssimulation entnommenen Wärmeübergangskoeffizienten erreicht.

Die für den Vergleich verwendeten Messpunkte sind in Abbildung 23 dargestellt. Der Vergleich erfolgt auf vier Ebenen. Die oberste Ebene ist die Oberfläche des Zylinderkopfes an den Punkten 6 und 8 des Druckkammerdeckels sowie dem Punkt 9 des Saugkammerdeckels. Darauf folgt eine Messebene im Zylinderkopf, speziell in den Seitenwänden des Zylinderkopfes, 23,4 mm über der Oberkante der Ventilplatte an den Punkten 5 und 7 in den Seitenwänden der Druckkammer, Punkt 10 in der Seitenwand der Saugkammer, sowie den Punkten 12, 13 und 14 in der Trennwand zwischen Druck- und Saugkammer. In der Messebene der Ventilplatte befindet sich die Vergleichsstelle in der Zentralschraube, Punkt 11. Die unterste Vergleichsebene ist die Messebene der Zylinderoberkante, 27,5 mm über der Vorgabe der festen Temperaturverteilung des Zylinders, mit den Punkten 1, 2, 3 und 4 am Umfang des Zylinders. Es werden somit 14 Vergleichsstellen berücksichtigt.

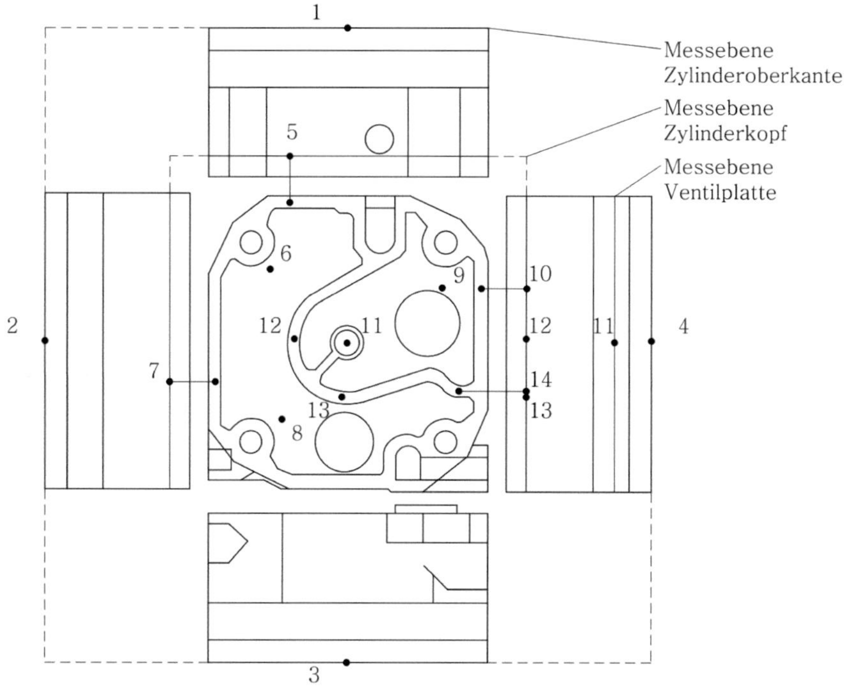

Abbildung 23: Temperaturvergleichsstellen Experiment - Temperaturfeldberechnung auf 4 Ebenen

6. Auswertung der Versuchsergebnisse

6.1 Kennwerte des Verdichters

Zur Einschätzung der experimentell untersuchten Veränderungen am Verdichter werden vor allem der Ausnutzungsgrad λ_h, die Druckstutzentemperatur t_{DS} sowie die indizierte Arbeit w_t verwendet. In welchem Maß der Verdichter durch die vorgenommenen konstruktiven Veränderungen verbessert worden ist, oder unter anderen Betriebsbedingungen effektiver arbeitet, wird durch den Vergleich der drei genannten Werte mit den Ergebnissen des originalen Aufbaus verdeutlicht.

Der Ausnutzungsgrad gibt das Verhältnis des real geförderten zum im idealen Fall zu fördernden Massestrom an, wobei der Ausnutzungsgrad kleiner 1 ist. Im Idealfall könnte bei jedem Arbeitsspiel der Arbeitsraum mit Gas vom Ansaugzustand gefüllt werden, so dass sich der ideale Massestrom nach Gleichung (14) ergibt.

$$\dot{m}_{Ideal} = n \cdot V_{Hub} \cdot \rho_S \qquad \text{Gl. (14)}$$

Der reale Massestrom wird durch Messung ermittelt. Für eine theoretische Abschätzung des Ausnutzungsgrades wird in der Regel ein multiplikativer Ansatz nach Gleichung (15) verwendet.

$$\lambda_h = \frac{\dot{m}}{\dot{m}_{ideal}} = \lambda_V \cdot \lambda_p \cdot \lambda_m \cdot \lambda_f \cdot \lambda_T < 1 \qquad \text{Gl. (15)}$$

Dabei gibt der Faktor λ_V die Minderung des für das Ansaugen nutzbare Volumen an, die vor allem auf die Rückexpansion aus dem Schadraum zurückzuführen ist. Die Faktoren λ_p und λ_T beschreiben die Verminderung der Dichte durch Abweichung des Druckes und der Temperatur vom Ansaugzustand. Der Faktor λ_m berücksichtigt die Masseänderung durch Undichtheiten des Arbeitsraums. Der Faktor λ_f ist ungleich 1, wenn nach der Förderung die Feuchtigkeit und andere kondensierbare Bestandteile des Förderstoffs ausfallen. Aus dem experimentell ermittelten Indikatordiagramm kann das Produkt der Faktoren λ_V und λ_p bestimmt werden, welches deshalb auch als indizierter Liefergrad bezeichnet wird.

Die Indikatordiagramme sind die Grundlage für die nach Gleichung (16) ausgewertete indizierte Arbeit. Die indizierte Arbeit bzw. massestrombezogene spezifische Arbeit (Gl. (17)) ist die bei allen Untersuchungen verwendete Vergleichsgröße, da die Antriebsleistung an der Welle des Verdichters nicht gemessen werden kann.

$$W_{ind} = -\int p(V)dV \approx \sum_{i=1}^{n} \left(-\frac{p_{Zyl,i+1} + p_{Zyl,i}}{2} \cdot \left(V_{Zyl,i+1} - V_{Zyl,i} \right) \right) \qquad \text{Gl. (16)}$$

$$w_t = \frac{W_{ind}}{\dot{m}} \cdot n \qquad \text{Gl. (17)}$$

6.2 Verdichter im Originalzustand

Die Ergebnisse, der für den Ausgangszustand des Verdichters wiederholt durchgeführten Messungen mit den fest vorgegebenen Ansaug- und Kühlbedingungen, sind für die Drehzahl 750 min^{-1} und 2430 min^{-1} gemittelt und in Tabelle 4 aufgeführt. Hierbei wird die maximale und minimale Abweichung der Messungen vom Mittelwert als absolute und relative Differenz aufgezeigt. Außerhalb dieser Toleranz müssen die Ergebnisse bei den untersuchten Veränderungen am Verdichter liegen, um als eine Verbesserung/Verschlechterung aufgefasst zu werden. Ausgewertet werden, wie erwähnt, hauptsächlich die technische Arbeit, der Ausnutzungsgrad und die Druckstutzentemperatur. Weitere Temperaturmesswerte am Zylinder und am Saugventil können als Indikator für thermische Veränderungen dienen, die sich nicht oder nicht eindeutig in den drei Hauptkennwerten widerspiegeln.

Für die Messungen mit einem verschobenem Saugstutzen wird eine andere Datenbasis zugrunde gelegt, da diese Untersuchungen an einem anderen Verdichter, gekennzeichnet durch einen kleineren Schadraum (2,44 % statt 3,46 %), durchgeführt worden sind.

Größe	n	w_t	λ_h	$\dot{m}$	P	t_{DS}	t_{ZYL}	t_{SV}
Einheit	min^{-1}	$kJ{\cdot}kg^{-1}$	-	$kg{\cdot}h^{-1}$	W	°C	°C	°C
Messwert	753,7	540,8	0,563	10,05	1510,4	153,8	99,5	77,7
+ absolut	0,85	1,4	0,002	0,07	13,73	1,15	2,30	0,15
+ relativ	0,11%	0,26%	0,36%	0,73%	0,91%			
- absolut	-0,67	-1,3	-0,003	-0,08	-15,24	-1,39	-2,13	-0,10
- relativ	-0,09%	-0,24%	-0,51%	-0,77%	-1,01%			
Messwert	2433,5	570,9	0,531	30,56	4845,3	251,8	138,4	89,9
+ absolut	1,6	6,5	0,019	1,02	110,6	2,9	2,9	1,5
+ relativ	0,07%	1,14%	3,55%	3,34%	2,28%			
- absolut	-2,4	-6,6	-0,015	-0,77	-95,8	-3,7	-3,4	-1,4
- relativ	-0,10%	-1,16%	-2,81%	-2,51%	-1,98%			

Tabelle 4: Messergebnisse der Basismessung Drehzahl 750 und 2430 min^{-1} (Mittelwerte und maximale Abweichungen)

Wird die jeweils erste durchgeführte Messung beider Drehzahlen auf die globale Verteilung der Wärme- und Gasenthalpieströme hin untersucht, so ergibt sich die in Abbildung 24 gezeigte Verteilung, die auf die zugeführte Innenleistung (Indikatordiagramm) bezogen ist.

Experimentell näherungsweise zu erfassen sind die Wärmeströme, welche über die gekühlte Ventilplatte (Kühlmittelwärmestrom) sowie über die Ölschmierung (Ölwärmestrom) abgeführt werden. Weiterhin lässt sich der über freie Konvektion zur Umgebung hin abgeführte Wärmestrom bilanzieren. Dies geschieht einerseits ohne Berücksichtigung des Zylinderkopfs, da dessen Temperaturverteilung nicht zu einer sinnvollen mittleren Temperatur zusammengefasst werden konnte (siehe auch Abbildung 21: Thermografieaufnahme). Andererseits lässt sich an der arbeitsraumfernen Geometrie, der Verkleidung des Schwungrades (Gehäusewärmestrom), ein Wärmestrom zur Umgebung berechnen. Ebenso lässt sich die Enthalpie des Gases durch die Temperaturen am Saug- und Druckstutzen erfassen.

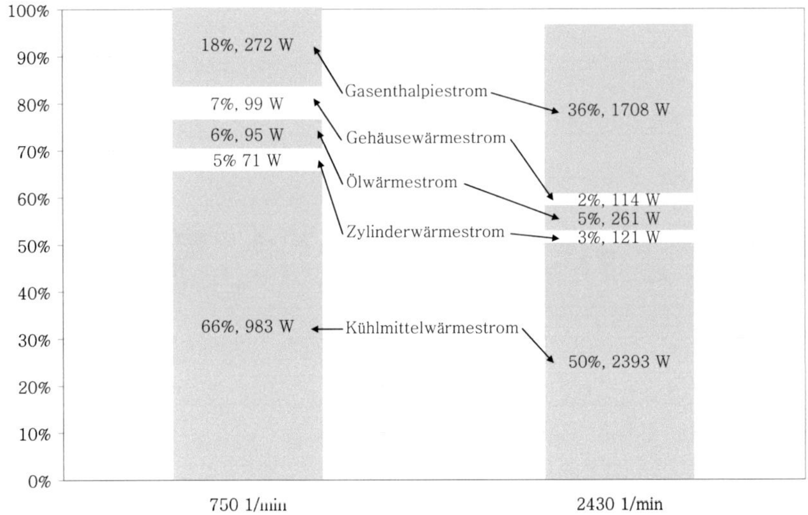

Abbildung 24: Wärme- und Enthalpieströme bei 750 min^{-1} und 2430 min^{-1}

Die Grundlage der zugeführten Energie bildet die indizierte Verdichterleistung, hier mit 1495 W und 4750 W für 750 min^{-1} bzw. 2430 min^{-1}. Da diese Werte statt einer an der Verdichterwelle gemessenen zugeführten Leistung genutzt werden, liegt bei der kleinen Drehzahl die erfasste Summe der Energieströme oberhalb von 100 %. Würde der konvektive Wärmestrom über den Zylinderkopf hinzugenommen, so würde die 100 %-Grenze deutlicher überschritten, wohl auch bei der Nenndrehzahl.

Aus der Abbildung 24 ist zu erkennen, dass ein erheblicher Teil der bei der Verdichtung zugeführten Energie über die Ventilplattenkühlung abgeführt werden kann (66 % bzw. 50 %). Die über die Zylinderoberfläche, die Gehäuseoberfläche und das Schmieröl abgeführten Wärmeströme unterscheiden sich wenig. Sie fallen recht gering aus und kommen erst in ihrer Summe in einen zweistelligen Prozentbereich. Die Enthalpieerhöhung des Förderstromes (18 % bzw. 36 %) bestimmt die Austrittstemperatur.

Weitere Untersuchungen des Autors zur Energiebilanz bei anderen Betriebsbedingungen finden sich in [2].

6.3 Verdichter mit konstruktiven Veränderungen

6.3.1 Verschiebung des Saugstutzens

Diese Untersuchungen wurden mit einem Zylinder durchgeführt, welcher, wie erwähnt, einen etwa 1 %-Punkt kleineren Schadraum aufweist. Der Wechsel wurde durch die Rückgabe des ersten Versuchsstandes an den Industriepartner erforderlich. Weiterhin war bei diesem Versuchsaufbau keine Temperaturmessung am Druckstutzen vorgesehen. Hier dient die Temperatur im Druckventildurchgang t_{DV} als Vergleich. Diese Temperatur ist durch den Einbau des Messgebers in die gekühlte Ventilplatte als „beeinflusster“ Wert anzusehen. Für die Basismessung zu diesem Versuchsaufbau wurden zwei Messungen durchgeführt, weshalb sich die Unterschiede als +/- Abweichung darstellen lassen. Die zugehörigen Basismesswerte sind in Tabelle 5 oben aufgelistet.

Größe	n	w_t	λ_h	$\dot{m}$	t_{DV}
Einheit	min^{-1}	$kJ \cdot kg^{-1}$	-	$kg \cdot h^{-1}$	°C
Messwert	750,6	527,9	0,600	10,59	160,6
+/- absolut	0,2	2,7	0,002	0,05	0,6
+/- relativ	0,02%	0,51%	0,41%	0,47%	
Messwert	2427,2	547,7	0,616	35,05	228,6
+/- absolut	0	0,7	0,001	0,10	0,3
+/- relativ	0,00%	0,12%	0,17%	0,28%	
Verschiebung Saugstutzen	750	-13,8 ≈ -2,6%	0,023 ≈ 3,8%	0,33 ≈ 3,1%	-1,5
	2430	6,4 ≈ 1,2%	0,004 ≈ 0,6%	0,10 ≈ 0,3%	-0,2
+ geschlitzter Kegel	750	-16,7 ≈ -3,2%	0,025 ≈ 4,1%	0,43 ≈ 4,1%	-1,1
	2430	-2,8 ≈ -0,5%	0,008 ≈ 1,2%	0,28 ≈ 0,8%	-0,6
+ geschlossener Kegel	750	-33,8 ≈ -6,4%	0,008 ≈ 1,3%	0,20 ≈ 1,9%	-0,6
	2430	3,4 ≈ 0,6%	-0,030 ≈-4,9%	-1,79 ≈-5,1%	-5,5

Tabelle 5: Messergebnisse bei Saugstutzenverschiebung mit Bezug auf zugehörige Basismessung

Diese Basismessung zeigt eine geringere technische Arbeit als bei dem in dieser Arbeit hauptsächlich untersuchten Verdichter mit größerem Schadraum. Auch ist der Ausnutzungsgrad, der in diesem Fall untersuchten Maschine bei der kleinen Drehzahl bzw. der großen Drehzahl um 3,7 %-Punke bzw. 8,5 %-Punkte höher als für den Verdichter mit größerem Schadraum. Ebenfalls steigt der geförderte Massestrom um 0,54 $kg \cdot h^{-1}$ bzw. 4,5 $kg \cdot h^{-1}$ an. Es ist ebenfalls festzustellen, dass sich die Ausnutzungsgradcharakteristik stark verändert, denn für den Verdichter mit kleinerem Schadraum steigt der Ausnutzungsgrad mit steigender Drehzahl. Das ist bei dem in dieser Arbeit hauptsächlich untersuchten Verdichter nicht nachzuweisen - der Ausnutzungsgrad nimmt mit steigender Drehzahl ab.

Erfolgt eine Verschiebung des Saugstutzens, sodass die Saugleitung direkt über dem Saugventil platziert wird, so sind für die kleine Drehzahl eine Verringerung der technischen Arbeit und eine Erhöhung des Ausnutzungsgrades bzw. des geförderten Massestroms nachweisbar. Für die Nenndrehzahl liegt die Massestromerhöhung allerdings innerhalb der Nachweisgrenze. Die technische Arbeit zeigt einen erhöhten Aufwand an.

Bei zusätzlichem Einbau des geschlitzten Kegels tendieren die Ergebnisse zu einer weiteren und drehzahlunabhängigen Verbesserung des Verdichters.

Wird die Saugstutzenverschiebung mit einem geschlossenen Kegel kombiniert, um ohne die Wirkung der Saugkammer so kalt wie möglich aus der Saugleitung anzusaugen, so kommt es bei der kleinen Drehzahl auch zu einem geringen Anstieg des

Massestroms, wobei die technische Arbeit um 6,4 % im Vergleich zur Basismessung sinkt. Bei Nenndrehzahl steigen dagegen die Druckverluste und das direkte Ansaugen aus der Saugleitung führt zu einer Verringerung des geförderten Massestromes um über 5 % bei gleichzeitigem Ansteigen der technischen Arbeit. Auffällig ist bei Nenndrehzahl eine Absenkung der Temperatur im Druckventildurchgang bei Verwendung des geschlossenen Kegels.

Weiterhin zeigten die Untersuchungen, dass durch die Verschiebung des Saugstutzens über das Saugventil bei keiner der untersuchten Veränderungen eine Zunahme des Geräuschpegels feststellbar ist.

Den Experimenten gingen numerische Berechnungen voraus, um das Potential der Veränderung der Sauggaszuführung anhand der Änderung der Wärmeübergangskoeffizienten in der Saugkammer abzuschätzen. Die theoretischen Ergebnisse finden sich in [100]. Ebenfalls sind dort experimentelle Daten zu einer weiteren Drehzahl aufgeführt.

6.3.2 Isolation der Saugkammer

Die Ergebnisse, für die mit Epoxidharz ausgekleideten Saugkammerwände, sind in Tabelle 6 zusammengestellt. Weiterhin wurde eine Kombination aus Saugkammerisolierung und Kupferberippung der Ventilplatte in der Druckkammer ausgewertet und die Ergebnisse als Differenz zur Basismessung dargestellt.

Größe	n	w_t	λ_h	$\dot{m}$	t_{DS}
Einheit	min^{-1}	$kJ \cdot kg^{-1}$	-	$kg \cdot h^{-1}$	°C
Isolierung	750	-5,5 ≈ -1,0%	0,02 ≈ 3,4%	0,22 ≈ 2,2%	2,2
	2430	-11,8 ≈ -2,1%	0,03 ≈ 5,0%	1,27 ≈ 4,1%	-1,0
Isolierung+ Kupferrippen	750	-9,1 ≈ -1,7%	0,01 ≈ 1,8%	0,04 ≈ 0,4%	-10,9
	2430	-30,5 ≈ -5,3%	0,05 ≈ 9,1%	2,42 ≈ 7,9%	-11,7

Tabelle 6: Messergebnisse bei Saugkammerisolierung und Saugkammerisolierung mit Kupferberippung der Ventilplatte in der Druckkammer

Die Saugkammerisolierung führt zu einer Verringerung der technischen Arbeit sowie einer Erhöhung des Ausnutzungsgrades und des Massestroms für beide Drehzahlen. Die Auswirkungen auf die Druckstutzentemperatur sind nicht eindeutig. Bei der kleinen Drehzahl ist eine ansteigende Temperatur messbar. Bei der Nenndrehzahl liegt die Veränderung innerhalb der Nachweisgrenze. Eine ansteigende Druckstutzentemperatur ist, durch das Ansteigen der Wandtemperaturen, z.B. der – jetzt isolierten – Trennwand zwischen der Saug- und Druckkammer, und durch die damit verbundene geringere Abkühlung des Druckgases, denkbar.

Um diesem Effekt entgegen zu wirken, wurde eine zusätzliche Berippung in der Druckkammer vorgesehen. Die Ergebnisse weisen eine weitere Verbesserung für beide Drehzahlen auf. In diesem Fall liegt jedoch die Erhöhung des Massestroms bei kleiner Drehzahl innerhalb der Nachweisgrenze. Zusätzlich zu diesen Verbesserungen lässt sich eine deutliche Absenkung der Druckstutzentemperatur nachweisen. Diese Verringerung liegt für beide Drehzahlen bei etwa 10 K.

Weiterhin wurden Untersuchungen zur Schaffung einer isolierenden Luftschicht durchgeführt. Hierzu wurde die Trennwand auf der Druckkammerseite und auf der Saugkammerseite mit einem der Kontur folgenden Blech versehen. Diese Bleche schaffen eine thermisch isolierende Luftschicht und damit schlechtere Wärmeübergangsbedingungen als bei direkter Anströmung der Wände. Untersuchungen für die Druckkammer sowie die Saugkammer zeigten eine Beeinflussung der Temperaturverteilung der Wände. Ein Einfluss auf die technische Arbeit, den Ausnutzungsgrad, den Massestrom oder die Druckstutzentemperatur war aber für keine der beiden Drehzahlen nachweisbar.

6.3.3 Gekühlter Ventilplattenbereich innerhalb der Saugkammer

Die Temperatur der Ventilplatte innerhalb der Saugkammer wird beeinflusst durch den Arbeitsraum unterhalb der Platte, den angesaugten Luftstrom oberhalb der Platte und die Wärmeleitung in der Platte. Wird dieser Bereich mit der beschriebenen Kühlkanalerweiterung versehen und der Volumenstrom durch veränderte Druckverhältnisse wieder auf ca. 5 $l \cdot min^{-1}$ eingestellt, so treten die in Tabelle 7 aufgelisteten Differenzen gegenüber der Basismessung auf.

Größe	n	w_t	λ_h	$\dot{m}$	t_{DS}
Einheit	min^{-1}	$kJ \cdot kg^{-1}$	-	$kg \cdot h^{-1}$	°C
Ventilplatten-	750	7,2 ≈ 1,3%	-0,022 ≈ -4,0%	-0,46 ≈ -4,6%	-1,2
kühlung	2430	3,6 ≈ 0,6%	0,010 ≈ 1,9%	-0,23 ≈ -0,7%	5,2

Tabelle 7: Messergebnisse bei Erweiterung der Ventilplattenkühlung

Die Ergebnisse zeigen einen Anstieg der technischen Arbeit. Für die kleine Drehzahl ist dies bereits außerhalb der Nachweisgrenze, entspricht also einer Verschlechterung des Verdichters, jedoch nicht für die Nenndrehzahl. Der Ausnutzungsgrad und der Massestrom sinken in beiden Fällen, wobei hier die Nenndrehzahl ebenfalls die Nachweisgrenze nicht überschreitet. Die Absenkung der Druckstutzentemperatur liegt bei kleiner Drehzahl innerhalb der Messtoleranz. Bei Nenndrehzahl steigt die Druckstutzentemperatur eindeutig an.

Bei diesen Untersuchungen lässt sich somit eine Drehzahlabhängigkeit erkennen. Für die kleine Drehzahl ist die Erweiterung des Kühlbereichs von Nachteil. Das äußert sich auch in einer gering ansteigenden Temperatur im Saugventildurchgang. Die Zylindertemperatur sinkt um 2,6 K, ist aber damit nur unwesentlich außerhalb der Messtoleranz.

Für die Nenndrehzahl ist ein Absinken der Temperatur im Saugventildurchgang von 5,3 K festzustellen. Die Zylindertemperaturabsenkung liegt innerhalb der Toleranz. Die Druckstutzentemperatur hingegen steigt. Das heißt, die Untersuchungen haben kein eindeutiges Ergebnis! Es ist eine Drehzahlabhängigkeit und eine gegenläufige Änderung der gemessenen Temperaturen feststellbar.

6.3.4 Berippung der Ventilplatte in der Druckkammer

Die Ergebnisse zur direkten Beeinflussung der Druckstutzentemperatur, durch eine Vergrößerung der wärmeübertragenden Oberfläche innerhalb der Druckkammer, sind in Tabelle 8, als Differenz zur Basismessung, aufgelistet.

Größe	n	w_t	λ_h	$\dot{m}$	t_{DS}
Einheit	min^{-1}	$kJ \cdot kg^{-1}$	-	$kg \cdot h^{-1}$	°C
Kupferrippen	750	1,3 ≈ 0,2%	0,001 ≈ 0,1%	-0,10 ≈ -1,0%	-10,9
	2430	0,3 ≈ 0,0%	-0,008 ≈ -1,6%	-0,77 ≈ -2,5%	-12,2

Tabelle 8: Messergebnisse bei Berippung der Ventilplatte in der Druckkammer mit Kupferrippen (L = 25 mm)

Für beide untersuchte Drehzahlen liegen die Ergebnisse für die Messungen mit den in die Druckkammer eingebrachten Nadelrippen aus Kupfer innerhalb bzw. sehr nahe der Nachweisgrenze. Somit kommt es durch die Berippung der Ventilplatte in der Druckkammer zu keiner deutlichen Beeinflussung des Verdichters hinsichtlich des Förderstroms und des spezifischen Leistungsbedarfs. Die Temperatur am Druckstutzen fällt bei beiden Drehzahlen um mehr als 10 K. Die Absenkung der Zylindertemperatur beträgt etwa 2 K.

Die Ausstattung der Ventilplatte mit Rippen aus Stahl ergibt nur eine Verringerung der Druckstutzentemperatur um 4,9 K bzw. 7,1 K. Erst das Kürzen der Stahlrippen auf 15 mm und ein horizontal aufgelötetes, der Kammerkontur folgendes Kupferblech, als Strömungsumlenkung, führte zu einer Temperaturabsenkung von 7,6 K bzw. 9,3 K für die kleine bzw. große Drehzahl. Von weiteren Versuchen mit einem Umlenkblech bei den Kupferrippen wurde abgesehen, da dieses die Druckventile unzugänglich macht und somit keine industrielle Anwendung finden wird.

Die bloße Veränderung der Ventilplattenoberfläche durch Sandstrahlen der Druckkammer- und Arbeitsraumseite zeigte keine nachweisbare Veränderung. Zudem wäre eine solche Oberfläche nicht zeitbeständig.

6.3.5 Zylinderkühlung mittels Kühlmittelgemisch

Die Ergebnisse der Zylinderwandkühlung mit flüssigem Kühlmittel sind in Tabelle 9 dargestellt.

Ein erster Vergleich ist zwischen der ursprünglichen Basismessung und einer Basismessung mit einem um 2/3 verringertem Kühlmittelstrom möglich (vgl. Abschnitt 4.3.5). Bei dem verringerten Durchfluss, wie er bei der Zylinderwandkühlung erforderlich war, steigt die Temperatur der Ventilplatte an. Ebenso steigt die Austrittstemperatur des Kühlmittels. Der Effekt ist prinzipiell entgegengesetzt zu dem bei abgesenkter Kühlmitteltemperatur. Die technische Arbeit für beide Drehzahlen steigt an. Der Ausnutzungsgrad und die geförderte Masse sinken erheblich. Die Temperatur am Druckstutzen steigt um 6,9 K bzw. 7,9 K. Es gibt aber auch eine Wirkung auf das gesamte Temperaturniveau des Verdichters. So sind die Zylindertemperaturen bei kleiner bzw. großer Drehzahl um 4,7 K bzw. 6,9 K erhöht. Auch lässt sich ein Anstieg der Temperaturen im Ventildurchgang von 6,8 bzw. 7,4 K feststellen.

Größe	n	w_t	λ_h	$\dot{m}$	t_{DS}
Einheit	min^{-1}	$kJ \cdot kg^{-1}$	-	$kg \cdot h^{-1}$	°C
Basis	753,7	540,8	0,563	10,05	153,8
(Tabelle 4)	2433,5	570,9	0,531	30,56	251,8
Basis mit	754,9	559,3	0,545	9,80	160,7
1,7 $l \cdot min^{-1}$		18,5 ≈ 3,4%	-0,02 ≈ -3,2%	-0,3 ≈-2,6%	6,9
Kühlmittel-	2435,1	578,8	0,513	29,74	259,7
volumenstrom		7,9 ≈ 1,4%	-0,02 ≈ -3,4%	-0,8 ≈-2,7%	7,9
Zylinder mit	750	-6,4 ≈ -1,1%	0,006 ≈ 1,0%	0,10 ≈ 1,1%	-3,6
Wasserkühlung	2430	-6,2 ≈ -1,1%	0,002 ≈ 0,5%	0,17 ≈ 0,6%	-7,7

Tabelle 9: Basis-Messergebnisse bei ursprünglichem und verringertem Kühlmittelstrom und Messergebnisse für Zylinderkühlung

Durch die Kühlung des Zylindermantels ergibt sich für beide Drehzahlen eine Verringerung der technischen Arbeit. Es lässt sich auch ein Einfluss auf die Druckstutzentemperatur nachweisen. Interessanter ist aber die Betrachtung der Zylindertemperaturen. Diese verringern sich im Vergleich mit den bei freier Konvektion an der Außenseite um 17,2 K bzw. 44,8 K für die kleine bzw. große Drehzahl. Der Einfluss auf die Temperaturen im Ventildurchgang bleibt mit 1,3 K bzw. 2,4 K gering.

Auch wenn die Untersuchungen mit einem Kühlmittelvolumenstrom von nur noch 1,7 $l \cdot min^{-1}$ anstatt der sonst verwendeten ca. 5 $l \cdot min^{-1}$ durchgeführt wurde, lassen sich positive Tendenzen erkennen. Eine Zylinderwandkühlung mit vollem Volumenstrom würde einer Verringerung der Kühlmitteltemperatur um ca. 10 K bis 15 K entsprechen, das gesamte Temperaturniveau weiter senken und so größere Verbesserungen ergeben.

6.3.6 Zylinderkühlung mittels Luft

Wegen des Fehlens des Fahrwindes am stationären Versuchsstand erfolgt die äußere Kühlung nur durch freie Konvektion - somit mit einem höheren Wärmeübergangswiderstand. Dieser führt dazu, dass der Zylinder (der Zylinderkopf wurde nicht erfasst) mit 3 % bis 5 % Wärmestrom verhältnismäßig wenig zur Abfuhr der Verdichtungswärme an die Umgebung beiträgt (vgl. Abbildung 24). Die Ergebnisse der Versuche mit erzwungener Konvektion auf der Außenseite des Verdichters sind in Tabelle 10 zusammengestellt.

Größe	n	w_t	λ_h	$\dot{m}$	t_{DS}
Einheit	min^{-1}	$kJ \cdot kg^{-1}$	-	$kg \cdot h^{-1}$	°C
erzwungene	750	-20,6 ≈ -3,8%	0,017 ≈ 3,1%	0,27 ≈ 2,7%	-30,3
Konvektion	2430	-16,5 ≈ -2,9%	0,006 ≈ 1,2%	0,35 ≈ 1,2%	-36,1

Tabelle 10: Messergebnisse bei Fahrtwindsimulation

Die Beeinflussung des gesamten Temperaturniveaus des Verdichters durch den außen anliegenden kalten Luftstrom führt zu einer Verbesserung der Werte für die technische Arbeit und den Ausnutzungsgrad bzw. Massestrom. Dieser Effekt verringert sich mit steigender Drehzahl etwas. Auffällig ist die Absenkung der Druckstutzentemperatur um über 30 K bzw. 36 K. Weiterhin verringert sich die Temperatur des Zylinders um einen noch größeren Betrag. Bei einer Drehzahl von 750 min^{-1} sinkt diese um 39,4 K und bei 2430 min^{-1} um 53,2 K im Vergleich zur Basismessung. Ebenfalls lässt sich ein Absinken der Temperatur im Saugventildurchgang um 8,4 K bzw. 6,3 K bei 750 min^{-1} bzw. 2430 min^{-1} feststellen.

6.4 Verdichter unter veränderten Betriebsbedingungen

6.4.1 Verändertes Druckverhältnis

Die Veränderung der Betriebsbedingungen des Verdichters führt zu keiner Verbesserung des Verdichters, da die Maschine bei den üblichen Bedingungen wieder das gleiche Verhalten zeigt. Wird dagegen eine Verbesserung durch konstruktive Verbesserungen erzielt, so bleibt diese dauerhaft erhalten.

Eine wesentliche Betriebsbedingung ist der Enddruck des Verdichters. Bei den für die Basismessung zugrunde gelegten Betriebsbedingungen wird aus der Umgebung angesaugt und auf 13,5 bar (absolut) in einer Stufe verdichtet. In der Standardliteratur zur Auslegung und Berechnung von Verdichtern ist eine Verdichtung von Luft in einer Stufe auf das hier untersuchte Druckverhältnis nicht zu finden. Für die Kennwerte des Schadraumeinfluss und des Aufheizungsgrades werden Diagramme bis hin zu einem Druckverhältnis von 8 gezeigt. Darüber hinaus ist eine mehrstufige Verdichtung üblich. Mit den ausgeführten Messungen soll der bekannte Anstieg des Ausnutzungsgrades mit abnehmendem Druckverhältnis untersucht werden. Die eingestellten Druckverhältnisse sind die Druckverhältnisse der Anlage, worauf der Verdichter bei unterschiedlicher Drehzahl mit einem unterschiedlichen inneren Druckverhältnis selbstständig reagiert.

Abbildung 25 zeigt die Veränderung des Indikatordiagramms bei der Drehzahl von 750 min^{-1}.

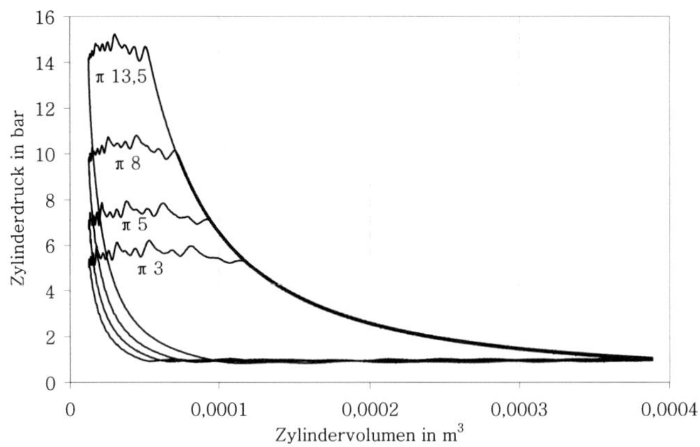

Abbildung 25: Indikatordiagramm mit verringerten Druckverhältnissen bei 750 min^{-1}

Es ist anhand der Diagramme zu erkennen, dass im Verdichter, verursacht durch die Druckverluste der Druckluftanlage des Fahrzeugs, das niedrigste Nutz-Druckverhältnis (π = 3) noch immer einen relativ hohen Enddruck des Verdichters bewirkt. Diese Druckverluste führen bei Nenndrehzahl dazu, dass an diesem Punkt ein noch höheres inneres Druckverhältnis auftritt. Dadurch kann der Ausnutzungsgrad, bedingt durch die Anlagenkonzipierung, ab einem bestimmten Druckverhältnis nur noch bedingt ansteigen. Die Messdaten für die technische Arbeit, den Ausnutzungsgrad, den Massestrom und die Druckstutzentemperatur sind in Tabelle 11 für beide Drehzahlen als absolute Werte – nicht als Differenz zur Basismessung, aber diese als direkter Vergleichswert mit eingetragen – aufgeführt.

Größe	n	w_t	λ_h	$\dot{m}$	t_{DS}
Einheit	min^{-1}	$kJ \cdot kg^{-1}$	–	$kg \cdot h^{-1}$	°C
Basis	753,7	540,8	0,563	10,05	153,8
(Tabelle 4)	2433,5	570,9	0,531	30,56	251,8
π = 8	750	417,7	0,667	11,79	154,7
	2430	529,9	0,593	33,71	249,7
π = 5	750	326,2	0,727	12,82	148,0
	2430	481,7	0,636	36,10	246,7
π = 3	750	259,7	0,779	13,71	139,3
	2430	477,1	0,642	36,39	246,3

Tabelle 11: Messergebnisse bei Absenkung des Druckverhältnisses

Die Verringerung der technischen Arbeit ist für beide Drehzahlen offensichtlich, doch bei Nenndrehzahl durch die zunehmenden Druckverluste der Anlage begrenzt. Für die kleine Drehzahl ist die Tendenz steigend und führt mit dem kleinsten Druckverhältnis auf 52 % weniger Energieaufwand beim Vergleich der Basismessung. Eine Auswirkung auf die Druckstutzentemperatur zeigt sich aber erst bei beachtlicher Absenkung des Druckverhältnisses. Für den Ausnutzungsgrad und den geförderten Massestrom ist dagegen eine erhebliche Verbesserung im Vergleich zur Basismessung mit einem Druckverhältnis von 13,5 feststellbar. So steigt der Ausnutzungsgrad für die kleine Drehzahl von der Basismessung zum kleinsten untersuchten Druckverhältnis von 0,563 auf 0,779 um 21,6 %-Punkte und damit relativ um 38 % an. Der Grund hierfür ist die bereits in Abbildung 25 für die kleine Drehzahl erkennbare Veränderung des Prozesses hinsichtlich des Anteils der Ansaug- und Ausschubphase.

Die Messwerte für den Ausnutzungsgrad bei beiden Drehzahlen wurden in Abbildung 26 als Funktion des Druckverhältnisses grafisch dargestellt. Beide Ergebnisse wurden über den gemessenen Bereich hinaus mit einem linearen Ansatz extrapoliert. Dieser Bereich ist durch den gestrichelten Linienverlauf gekennzeichnet. Die beschreibenden Geradengleichungen sind in der Abbildung enthalten.

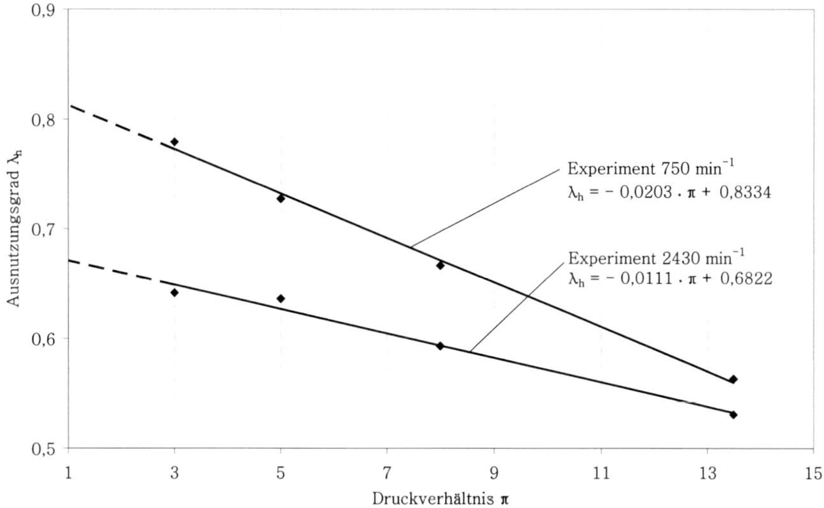

Abbildung 26: Ausnutzungsgrad als Funktion des Druckverhältnisses

6.4.2 Veränderte Kühlmittel- und Ansaugtemperatur

In Tabelle 12 sind die Messergebnisse bei Temperaturänderung des Kühlmittels bzw. des Sauggases als Differenz zur Basismessung dargestellt. Es lässt sich erkennen, dass die Absenkung der Kühlmitteltemperatur um 20 K auf 60 °C, am Eingang in den Verdichter, bei beiden Drehzahlen, eine nur geringfügige Auswirkung auf die Verdichtungsarbeit, den Ausnutzungsgrad und den geförderten Massestrom hat. Bei beiden Drehzahlen ist die Nachweisgrenze nur geringfügig oder gar nicht unterschritten, obwohl die gemessene Temperatur am Saugventil um ca. 5 K und die des Zylinders bei beiden Drehzahlen um mehr als 10 K sinkt. Die Druckstutzentemperatur hingegen erfährt eine beachtliche Absenkung. Die Verringerung um 15,9 K bzw. 12,4 K lässt den Schluss zu, dass die Temperaturverringerung in der Druckkammer durch eine größere Temperaturdifferenz zwischen dem Gas und der Ventilplatte erreicht wird.

Größe	n	w_t	λ_h	$\dot{m}$	t_{DS}
Einheit	min^{-1}	$kJ \cdot kg^{-1}$	–	$kg \cdot h^{-1}$	°C
60 °C Kühlmittel	750	-2,6 ≈ -0,5%	0,002 ≈ 0,4 %	0,06 ≈ 0,6%	-15,9
	2430	-7,7 ≈ -1,4%	0,009 ≈ 1,7%	-0,44 ≈ -1,5%	-12,4
40 °C Sauggas	750	-6,1 ≈ -1,1%	-0,025 ≈ -4,4%	0,18 ≈ 1,8%	-2,8
	2430	-14,1 ≈ -2,5%	-0,015 ≈ -2,9%	1,19 ≈ 3,9%	-8,3
20 °C Sauggas	750	-16,0 ≈ -3,0%	-0,049 ≈ -8,7%	0,37 ≈ 3,7%	-5,1
	2430	-38,2 ≈ -6,7%	-0,016 ≈ -3,1%	3,14 ≈ 10,3%	-12,9

Tabelle 12: Messergebnisse bei Temperaturänderung von Kühlmittel und Sauggas

Weitere Untersuchungen, mit Absenkung der Temperatur am Saugstutzen um 20 K bzw. 40 K, zeigen eine deutlichere Auswirkung auf die gemessenen Werte. Hierbei kann der Ausnutzungsgrad aufgrund seiner Definition nicht mehr als Maß der Veränderung dienen. Der Bezug auf die Temperatur des Saugstutzens führt bei der Verringerung der Sauggastemperatur zu einem negativen Effekt, obwohl der Massestrom ansteigt.

Die Veränderungen bei Absenkung der Sauggastemperatur um 20 K sind etwa doppelt so groß wie bei gleicher Absenkung der Kühlmitteltemperatur. Ausgenommen hiervon ist die Druckstutzentemperatur. Die Wirkung der geringeren Ansaugtemperatur auf die Druckstutzentemperatur liegt erst bei 20 °C Saugtemperatur und Nenndrehzahl in der gleichen Größenordnung wie die Absenkung der Kühlmitteltemperatur.

Wird die Absenkung der Sauggastemperatur um 20 K und 40 K miteinander verglichen, so zeigt sich kein linearer Zusammenhang zwischen Ursache und Wirkung. Alle Werte, außer der Temperatur, verändern sich überproportional zur Temperaturänderung des Sauggases. Der geförderte Massestrom erreicht bei einer Sauggastemperatur von 20 °C und Nenndrehzahl mit 10,3 % eine zweistellige Veränderung und ist somit als deutlich zu bezeichnen.

Die Auswirkungen einer abgesenkten Saugstutzentemperatur lassen sich schwer vorhersagen, da sich Anfangsbedingungen mit unterschiedlichem Temperaturstartwert infolge ebenfalls veränderter Wärmezufuhr im Saugtrakt bis zum Saugventil – abhängig von der Drehzahl – mehr oder weniger schnell ausgleichen. So lässt sich bei der kleinen Drehzahl von 750 min^{-1} feststellen, dass die Sauggastemperatur um 20 K bzw. 40 K gesenkt wird, jedoch die Saugventiltemperatur nur eine Verringerung um 12,1 K bzw. 22,1 K erfährt. Für die Nenndrehzahl von 2430 min^{-1} liegt diese Verringerung bei 13,8 K bzw. 28,1 K. Daraus lässt sich schließen, dass bei Nenndrehzahl die geringere Verweilzeit des Gases in der Saugkammer, trotz des allgemein höheren Temperaturniveaus der Maschine, für diesen Effekt sorgt und das Gas somit kälter in den Arbeitsraum gelangt als bei der kleinen Drehzahl. Hier ist ebenfalls kein direkter Zusammenhang zwischen der Drehzahl und der Temperatur erkennbar.

6.4.3 Verdichter ohne Kühlung und Gegendruck

Die in der Basismessung festgestellten Temperaturen am Druckstutzen liegen infolge des hohen Druckverhältnises bei der kleinen Drehzahl gerade noch innerhalb, bei Nenndrehzahl schon außerhalb des zulässigen Wertes von 200 °C [83, S.162], aber auch bei der kleinen Drehzahl außerhalb der Empfehlung von 150 °C.

In einem abschließenden Versuch wurde der Verdichter isoliert und zudem die Kühlung der Ventilplatte abgeschaltet. Die in diesem Betriebspunkt gemessenen Werte sind als Differenz zur Basismessung in Tabelle 13 zu finden. Hierbei ist zu beachten, dass der Betriebspunkt bei Nenndrehzahl vor Erreichen des stationären Zustandes gemessen worden ist, da ein Zersetzen des Schmieröls ebenso offensichtlich wurde wie die Veränderung der Laufgeräusche. Die Ergebnisse deuten für die Nenndrehzahl nur die Tendenz an. Die Werte des stationären Zustandes würden hinsichtlich der gemessenen Temperaturen und der indizierten Arbeit höher sowie hinsichtlich des Ausnutzungsgrades und des Massestroms niedriger liegen.

Größe	n	w_t	λ_h	$\dot{m}$	t_{DS}
Einheit	min^{-1}	$kJ \cdot kg^{-1}$	-	$kg \cdot h^{-1}$	°C
adiabat	750	124,6 ≈ 23,0%	-0,167 ≈ -29,6%	-3,04 ≈ -30,2%	113,4
	2430	140,5 ≈ 24,6%	-0,105 ≈ -19,7%	-6,54 ≈ -21,4%	186,2

Tabelle 13: Messergebnisse bei (fast) adiabatem Arbeitsprozess

Da sich die Bedingungen für den Abtransport der entstehenden Wärme dramatisch verschlechtern, verbleibt diese nahezu komplett im Förderstoff und es ist die Verschlechterung aller Beurteilungswerte zu erwarten. Die Größenordnung ist bedeutend. Die Werte der technischen Arbeit erhöhen sich um fast 25 %. Der Massestrom sinkt um etwa 30 % bzw. 20 % für die Nenndrehzahl. Die gemessenen Temperaturen am Druckstutzen liegen nunmehr in jedem Fall außerhalb des sicherheitstechnisch Zulässigen. Hier treten Erhöhungen um mehr als 113 K bzw. 186 K auf, so dass für 2430 min^{-1} die gemessene Druckstutzentemperatur bei 438 °C (und steigend!) und bei 750 min^{-1} noch bei 267,2 °C, also bereits oberhalb der Basismessung der Nenndrehzahl, liegt.

Die Temperaturen am Zylinder und am Saugventildurchgang erhöhen sich bei 750 min^{-1} auf 167,3 °C und 153,1 °C. Bei der Nenndrehzahl liegen diese Werte bei 263,7 °C für den Zylinder und 181 °C für den Saugventildurchgang.

Der Betriebsfall mit den meisten Betriebsstunden beim Einsatz des untersuchten Bremsluftverdichters im Fahrzeug ist der Leerlauf. Hier entlässt die APU den Förderstrom „ohne Druckerhöhung“ wieder in die Umgebung. Da es im Leerlauf keinen geförderten Massestrom gibt, dient hier die Verdichterleistung anstatt der spezifischen technischen Arbeit als Bezugsgröße. Die sich aus dem Indikatordiagramm ergebenden Leistungsdaten sind in Tabelle 14 zusammengestellt.

		Leistungsaufnahme im Basisbetriebszustand		Leistungsaufnahme im Leerlauf
Größe	n	P		P
Einheit	min^{-1}	W		W
Drehzahl	750	1510,4		206,1 ≈ 13,6%
	2430	4845,3		1814,2 ≈ 37,4%

Tabelle 14: Vergleich der Leistungsaufnahme bei Basisbetriebszustand und Leerlauf

Die für den Leerlauf bei kleiner Drehzahl noch aufgenommene Leistung beträgt 13,6 % vom Basisbetriebsfall mit einem Druckverhältnis von 13,5. Für die Nenndrehzahl steigt dieser Wert erheblich an. Das ist durch die Druckverluste in der Leitung bis zur APU begründet.

Es ist auffallend, dass sich die Drehzahl des Verdichters bei kleiner Drehzahl auf 781,3 min^{-1} erhöht. Bei Nenndrehzahl ist diese Erhöhung wesentlich geringer. Die Drehzahl steigt auf 2435,1 min^{-1} und liegt innerhalb der Toleranz.

Die Veränderungen der Indikatordiagramme zwischen Betrieb und Leerlauf zeigt Abbildung 27.

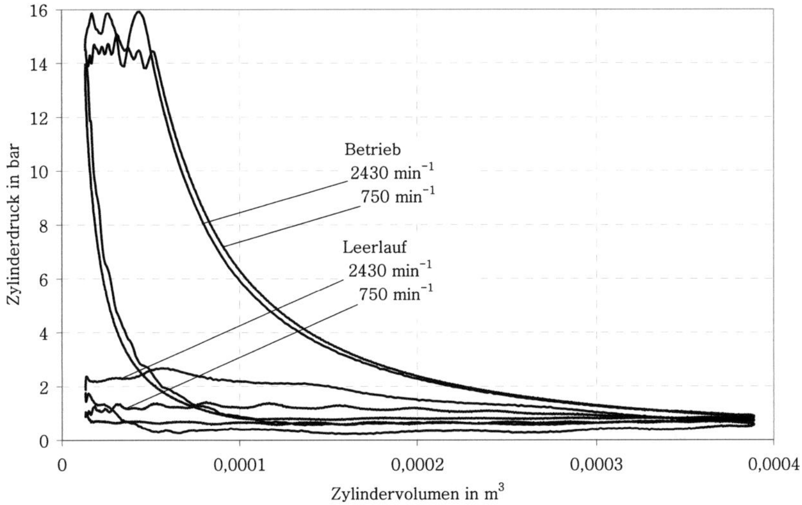

Abbildung 27: Indikatordiagramme bei Basisbetriebszustand und Leerlauf für 750 und 2430 min^{-1} (Datenbasis gleich wie Abbildung 24)

7. Auswertung der Berechnungsergebnisse

7.1 Wärmeströme- und Wärmeübergangskoeffizienten in Saug- und Druckkammer

7.1.1 Zeitabhängige flächenspezifische Ergebnisse

Die Ergebnisse der Strömungsberechnung werden als Datenreihen ausgegeben. Die ausgewerteten Daten sind die Wärmestromdichte an den einzelnen Teiloberflächen, der Massestrom an den Ventilen sowie die Temperaturen am Saugventil, am Druckventil und am Druckstutzen. Die Temperatur am Saugstutzen beträgt konstant 60 °C für alle Untersuchungen.

Für die Auswertung der Ergebnisse werden die am Ende der Iteration eines Zeitschrittes vorhandenen Daten verwendet. Die Zeitschrittweite wird automatisch durch die feste Vorgabe der Courantzahl vom Programm geregelt. Die Courantzahl ist eine Kennzahl für die Diskretisierung zeitabhängiger partieller Differentialgleichungen, welche angibt, um wie viel sich eine Größe je Zeitschritt im Berechnungsgebiet maximal fortbewegt. Dadurch sind die Ergebniswerte nicht äquidistant und die Mittelwerte der Ergebnisse werden zeitlich gewichtet gemittelt.

Somit gilt für den über das Arbeitsspiel zeitlich gemittelten Wärmestrom einer Teiloberfläche Gleichung (18).

$$\bar{\dot{Q}} = \frac{1}{\tau_{ges}} \cdot \sum_{i=1}^{n} \frac{\dot{Q}_i + \dot{Q}_{i+1}}{2} \left(\tau_{i+1} - \tau_i\right) \qquad \text{Gl. (18)}$$

Das gleiche Prinzip wird bei den Wärmeübergangskoeffizienten angewandt.

$$\bar{\alpha} = \frac{1}{\tau_{ges}} \cdot \sum_{i=1}^{n} \frac{\alpha_i + \alpha_{i+1}}{2} \left(\tau_{i+1} - \tau_i\right) \qquad \text{Gl. (19)}$$

Eine Flächenmittelung der Wärmeübergangskoeffizienten eines jeden Zeitschrittes erfolgt durch Gleichung (20).

$$\bar{\alpha}_{A,i} = \frac{1}{\sum_{k=1}^{n} A_k} \cdot \sum_{k=1}^{n} \alpha_k \cdot A_k \qquad \text{Gl. (20)}$$

Der Wärmeübergangskoeffizient für den Zeitschritt i wird aus der Wärmestromdichte an einer Teiloberfläche und der Differenz zwischen der Gas- und Wandtemperatur nach dem Newton`schen Ansatz für die Konvektion berechnet.

$$\alpha_i = \frac{\dot{q}_i}{T_{Wand} - \bar{T}_{Gas}} \qquad \text{Gl. (21)}$$

Die zur Berechnung des Wärmeübergangskoeffizienten benötigte Wandtemperatur ist konstant. Für die Gastemperatur wäre es möglich, die Temperatur für jeden Zeitschritt aus den Berechnungsergebnissen zu verwenden. In dieser Arbeit wird jedoch mit einer konstanten mittleren Gastemperatur in der Kammer gearbeitet, die sich als arithmetischer Mittelwert zwischen der Ein- und Austrittstemperatur des Gases ergibt.

$$\overline{T}_{Gas} = \frac{\overline{T}_{Gas,ein} + \overline{T}_{Gas,aus}}{2} \qquad \text{Gl. (22)}$$

Die Berechnung der mittleren Ein- und Austrittstemperatur erfolgt nach Gleichung (23).

$$\overline{T} = \frac{1}{m} \cdot \sum_{i=1}^{n} T_i \cdot \dot{m}_i \cdot (\tau_{i+1} - \tau_i) \qquad \text{Gl. (23)}$$

Hierin wird die über das Arbeitsspiel auftretende gesamte Masse nach Gleichung (24) berechnet.

$$m = \sum_{i=1}^{n} \frac{\dot{m}_i + \dot{m}_{i+1}}{2} \cdot (\tau_{i+1} - \tau_i) \qquad \text{Gl. (24)}$$

Der so massegemittelte Wert der Temperatur am Druckventil kann auch als Vorgabewert bei der stationären Kammerdurchströmung verwendet werden.

Die während des Arbeitsspiels übertragene Wärme lässt sich mit den diskreten Ergebnissen der Strömungsberechnung nach Gleichung (25) für jede Teiloberfläche berechnen.

$$Q = \sum_{i=1}^{n} \frac{\dot{Q}_i + \dot{Q}_{i+1}}{2} \cdot (\tau_{i+1} - \tau_i) \qquad \text{Gl. (25)}$$

Die Diagramme mit den Ergebnissen für die Wärmeströme und die Wärmeübergangskoeffizienten der stationären sowie der transienten Strömungsberechnungen sind in Anhang C zusammengestellt. Es werden hierbei von der Saug- und der Druckkammer für beide Drehzahlen und jedes Massestrommodell die Informationen jeder Teiloberfläche für ein Arbeitsspiel grafisch dargestellt (24 Abbildungen). Zur Orientierung sind in den Diagrammen die qualitativen Verläufe des jeweiligen Massestrommodells enthalten.

An dieser Stelle werden einzelne Besonderheiten bei den Detailergebnissen der Saugkammerberechnung (a, b, c) und der Druckkammerberechnungen (d, e, f) diskutiert.

a) „konstanter Massestrom“ in der Saugkammer

Die mit „konstantem Massestrom“ in der Saugkammer, bei kleiner Drehzahl, berechneten Wärmeströme und Wärmeübergangskoeffizienten schwingen geringfügig um einen Mittelwert (Anhang C, „konstanter Massestrom“, 750 min^{-1}). Das ist der Berechnung geschuldet und hat keinen physikalischen Hintergrund. Dieses Phänomen tritt bei Nenndrehzahl nicht mehr auf (Anhang C, „konstanter Massestrom“, 2430 min^{-1}).

Den geringsten Wärmestrombeitrag bei beiden Drehzahlen liefert der Saugkammerdeckel, den größten die Seitenwände. Mit dem Übergang von 750 min^{-1} zu 2430 min^{-1} kommt es etwa zu einer Verfünffachung des Wärmestroms jeder Teiloberfläche. Eine Ausnahme bildet der Saugstutzen, bei dem der Anstieg das 3,6-fache beträgt.

Die Wärmeübergangskoeffizienten für die Ventilplatte, den Saugventildurchgang sowie den Saugstutzen liegen bei der kleinen Drehzahl etwa im gleichen Bereich (ca. 75 $W{\cdot}m^{-2}{\cdot}K^{-1}$). Bei der Nenndrehzahl liegt der Wert des Saugstutzens unterhalb des Wertes für den Saugventildurchgang und die Ventilplatte.

b) „verdrängter Massestrom“ in der Saugkammer

Bei der Vorgabe des „verdrängten Massestroms“ (an einem idealen Ventil) zeigen der Wärmestrom und der Wärmeübergangskoeffizient einen schnellen Anstieg und anschließend ein zeitverzögertes weiteres Ansteigen. Der größte Zeitverzug tritt für die Saugkammerseiten und den Saugkammerdeckel auf. Dieser Zeitverzug ist auch bei Nenndrehzahl noch erkennbar.

Bei beiden Drehzahlen kommt es trotz der Vorgabe des idealen Ventilmassestroms, ohne Ventilflattern, zu einer Pulsation aller berechneten Werte. Diese Pulsation hat für die kleine Drehzahl nur bis zum Ende der Ventildurchströmung Bestand und schwächt sich bereits mit abnehmendem Massestrom ab. Bei der Nenndrehzahl bleibt diese Pulsation bis in den nächsten Arbeitszyklus hinein erhalten und spiegelt sich in größeren Amplituden von Wärmestrom und Wärmeübergangskoeffizient wieder.

Die mittlere Frequenz der Pulsation wurde für 750 min^{-1} mit 727 Hz und 2430 min^{-1} mit 723 Hz ermittelt. Diese Frequenzen können als Eigenfrequenz der Saugkammer, für die bei der Strömungsberechnung vorgegebene Geometrie, angesehen werden.

c) „pulsierender Massestrom“ in der Saugkammer

Wird die Massestromvorgabe des flatternden Saugventils verwendet, so kommt es ebenfalls zu Pulsationen des Wärmestromes. Diese scheinen sich aber im Verlauf des Arbeitsspiels mit dem eigenfrequenzbedingten Pulsieren des Massestroms zu überlagern. Am Anfang sind bei 750 min^{-1} anhand der Ergebnisse des Saugstutzens deutlich zwei Frequenzen zu erkennen. Die Änderung der Amplitude ist hier für die kleine Drehzahl, im Gegensatz zur Amplitudenänderung bei Nenndrehzahl, nicht allzu groß.

Das Andauern der Pulsation nach Ventilschluss entspricht dem des “verdrängten Ventilmassestroms“, denn auch hier verlieren sich nach Beenden des Massedurchflusses bei kleiner Drehzahl die Pulsationen und bleiben bei Nenndrehzahl bis in den nächsten Arbeitszyklus erhalten. Der Wärmeübergangskoeffizient erfährt bei Nenndrehzahl erhebliche Schwankungen. Es treten Amplituden von bis zu 200 $W{\cdot}m^{-2}{\cdot}K^{-1}$ an Saugstutzen und Saugventildurchgang auf.

d) „konstanter Massestrom" in der Druckkammer

Bei der Analyse der Ergebnisse für die Druckkammer werden die Ventilfänger als zusätzliche Teiloberfläche betrachtet. Auch hier ist bei stationärer Durchströmung für beide Drehzahlen zu erkennen, dass der größte Wärmestrom über die Seitenwände eingetragen wird. Der größte Wärmeübergangskoeffizient tritt an den Druckventildurchgängen, den Ventilfängern und dem Druckstutzen auf.

e) „verdrängter Massestrom" in der Druckkammer

Bei der Vorgabe des „verdrängten Massestroms" (ideal öffnendes Ventil) in der Druckkammer ist erwartungsgemäß nur am Ende des Arbeitszyklus eine merkliche Veränderung der Wärmeströme und der Wärmeübergangskoeffizienten festzustellen. Die größten Werte treten für beide Drehzahlen im Druckventildurchgang und am Ventilfänger auf. Hierbei ist eine Verzugszeit am Druckventilfänger festzustellen, die jedoch nur bei der kleinen Drehzahl deutlich hervortritt. Ein größerer Zeitverzug zwischen Massestrom und Wärmestrom tritt für die Druckkammerseitenwände, den Druckkammerdeckel und die Ventilplatte auf. Es gibt einen unterschiedlichen Zeitverzug am Druckstutzen bei großer und kleiner Drehzahl. Bei der kleinen Drehzahl ist relativ schnell nach dem Ende der Ventildurchströmung ein Absinken der Wärmeströme und Wärmeübergangskoeffizienten festzustellen. Es wird für die längste Zeit des Arbeitszyklus an jeder Teiloberfläche ein Wärmeübergangskoeffizient zwischen $100\ W{\cdot}m^{-2}{\cdot}K^{-1}$ und $200\ W{\cdot}m^{-2}{\cdot}K^{-1}$ berechnet. Das Massestrommaximum spiegelt sich bei kleiner Drehzahl nur im Wärmeübergangskoeffizienten des Druckventildurchgangs wieder.

Bei Nenndrehzahl weisen die Wärmeübergangskoeffizienten des Druckventildurchgangs und die Ventilfänger die charakteristischen, extrem steilen Verläufe auf. Der Wärmestrom am Druckkammerdeckel weist bei Nenndrehzahl einen kaum nennenswerten Anstieg auf. Die bei der Nenndrehzahl auftretenden Pulsationen in der Druckkammer mit idealem Druckventil sind von vernachlässigbar kleiner Amplitude.

f) „pulsierender Massestrom" in der Druckkammer

Der „pulsierende Massestrom" am Druckventil ergibt bei der kleinen Drehzahl einen Wärmestromanstieg mit zeitlichem Verzug zwischen Druckventildurchgang und Ventilfänger.

Der die Amplitude des Wärmestroms und des Wärmeübergangskoeffizienten beeinflussende pulsierende Massestromverlauf ist auch hier nur für das Druckventil und den Ventilfänger deutlich. Die Wärmeströme an den anderen Teiloberflächen weisen für beide Drehzahlen keine nennenswerte Pulsation, verursacht durch die Massestromvorgabe, auf. Eine erhebliche Pulsation, verursacht von, und damit wirksam mit der Frequenz des Massestromes, tritt im Druckventildurchgang auf.

Als Fazit aus den detaillierten Ergebnissen der transienten Berechnungen ergibt sich: in der Saug- und der Druckkammer wird der Zeitverzug zwischen der Ursache – dem Anstieg des Massestroms – und der Wirkung – dem größer werdenden Wärmestrom – umso größer, je weiter eine Teiloberfläche vom Ventil entfernt ist. Erwartungsgemäß steigen die Werte des Wärmestromes und des Wärmeübergangskoeffizienten mit steigender Drehzahl. Den größten Wärmeeintrag bzw. die größte Wärmeabfuhr leisten in jedem untersuchten Fall die Seitenwände der Kammern. Die geringsten Wärmeübergangskoeffizienten treten am Saug- und Druckkammerdeckel auf. Die größten aufgetretenen Wärmeübergangskoeffizienten liegen im Bereich der Ventildurchgänge.

7.1.2 Zeitabhängige flächengemittelte Ergebnisse – Wärmeübergangskoeffizient

Die Wärmeübergangskoeffizienten der Teiloberflächen bei transienten und stationären Berechnungen können zu einem flächengewichteten Wert der gesamten Kammer zusammengefasst werden. So lassen sich die Ergebnisse des Wärmeübergangskoeffizienten der untersuchten Modelle des Ventilmassestroms direkt vergleichen.

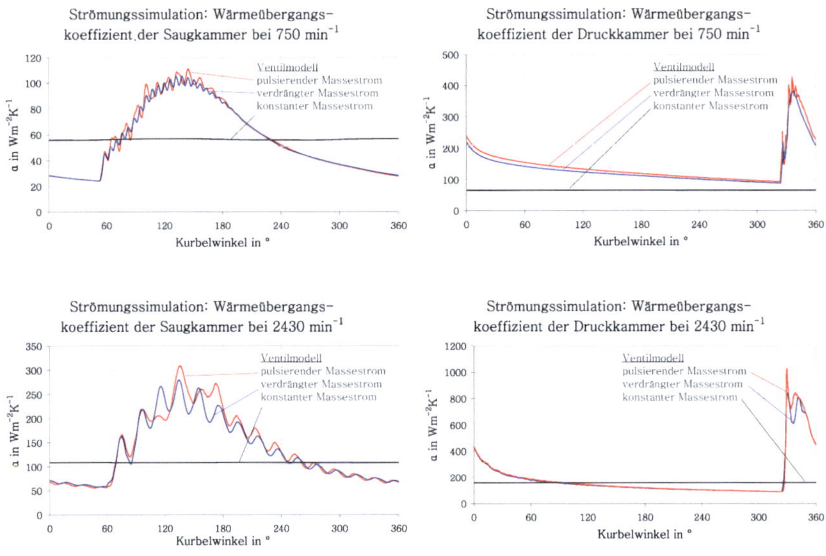

Abbildung 28: Flächengemittelte Wärmeübergangskoeffizienten aus der Strömungssimulation für die drei untersuchten Massestrommodelle beider Drehzahlen und Kammern

Die Ergebnisse des „pulsierenden Massestroms“ der Saugkammer bei 750 min^{-1} zeigen die bereits erwähnte Pulsation. Beide Verläufe, "verdrängter Massestrom" und „pulsierender Massestrom“, sind sehr ähnlich. Bei beiden Modellen nimmt die Amplitude der Pulsation mit abnehmendem Massestrom ab und verliert sich, sobald der Massezustrom aufhört. Der flächengemittelte Wärmeübergangskoeffizient fällt im weiteren Verlauf des Arbeitszyklus und erreicht seinen geringsten Wert kurz bevor „das Saugventil wieder öffnet“. Der Wärmeübergangskoeffizient bei stationärer Saugkammerdurchströmung ist nahezu konstant.

Bei Nenndrehzahl zeigen die Wärmeübergangskoeffizienten der Saugkammer bei beiden transienten Berechnungen ähnliche pulsierende Verläufe. Es tritt jedoch eine geringe Phasenverschiebung zwischen den Ergebnissen des "verdrängten" und „pulsierenden“ Massestrommodells auf. Wie bereits erwähnt, bleiben die Pulsationen, in sich abschwächender Form, über den gesamten Arbeitszyklus bestehen. Das heißt, dass die Strömung in der Kammer auch nach „dem Schließen des Saugventils“ weiterhin pulsiert.

Der flächengemittelte Wärmeübergangskoeffizient der Druckkammer bei 750 min^{-1} zeigt eine Pulsation mit großer Amplitude, aber nur für einen kurzen Zeitraum. Hier ist der Unterschied zwischen dem "verdrängten" und „pulsierenden“ Massestrommodell ebenfalls vernachlässigbar. Der Wärmeübergangskoeffizient verändert sich stark während des Arbeitszyklus. Nach einem extremen Anstieg während der Ausschubphase ist eine allmähliche Verringerung festzustellen. Der Wärmeübergangskoeffizient der stationären Druckkammerdurchströmung bei 750 min^{-1} liegt unterhalb des Wertes beider transienten Modelle.

Die Pulsation in der Druckkammer bei Nenndrehzahl zeigt für das „pulsierende“ Modell eine Änderung des Wärmeübergangskoeffizienten von 200 W·m^{-2}·K^{-1} während der Ausschubphase. Einen signifikanten Einfluss des Massestroms auf den Wärmeübergangskoeffizienten zeigt das Modell des "verdrängten" Massestroms für einen kurzen Moment bei 329° Kurbelwinkel. Die Wärmeübergangskoeffizienten für die Nenndrehzahl sind generell ähnlich denen bei kleiner Drehzahl, weisen aber etwa die doppelte Größe auf.

7.1.3 Zeitgemittelte flächenspezifische Ergebnisse

Die Ergebnisse für den Wärmestrom und den Wärmeübergangskoeffizienten können auch zeitlich gemittelt werden. Die Werte für jede Drehzahl und jede Kammer sind in Tabellenform im Anhang C (Tabelle 19, 20, 21, 22) aufgeführt. Die Ergebnisse des Wärmeübergangskoeffizienten der einzelnen Teiloberflächen werden für die Berechnung des Temperaturfeldes im Zylinderkopf verwendet.

7.1.4 Zeitgemittelte flächengemittelte Ergebnisse – Wärmeübergangskoeffizient

Eine weitere Komprimierung der Ergebnisse ist in Form von flächen- und zeitgemittelten Wärmeübergangskoeffizienten möglich. Die Zusammenstellung ist in der nachstehenden Tabelle zu finden.

Saugkammer					
Drehzahl 750 min^{-1}			Drehzahl 2430 min^{-1}		
konstant	verdrängt	pulsierend	konstant	verdrängt	pulsierend
56,3	56,4	57,0	108,5	132,4	137,0
Druckkammer					
Drehzahl 750 min^{-1}			Drehzahl 2430 min^{-1}		
konstant	verdrängt	pulsierend	konstant	verdrängt	pulsierend
66,5	136,4	146,5	157,5	195,7	189,2

Tabelle 15: Berechnete Wärmeübergangskoeffizienten der Saug- und Druckkammer für die untersuchten Massestrommodelle – zeit- und flächengemittelt in W·m^{-2}·K^{-1}

Die Wärmeübergangskoeffizienten steigen mit der Annäherung des Massestrommodells an die Realität an. Eine Ausnahme bildet hier das Ergebnis der Druckkammer für „verdrängten" Massestrom, welches bereits geringfügig oberhalb des Ergebnisses des „pulsierenden" Massestroms liegt.

Der Unterschied zwischen dem Modell des „verdrängten" und „pulsierenden" Massestroms ist gering und für beide Kammern unabhängig von der Drehzahl. Die Unterschiede zwischen allen drei untersuchten Modellen sind bei 750 min^{-1} in der Saugkammer vernachlässigbar. Die größten absoluten Unterschiede treten bei 750 min^{-1} in der Druckkammer auf.

7.1.5 Wärmezu- und Abfuhr mit Modell „pulsierender Massestrom"

Die Zuführung von Wärme über die Oberfläche der Saugkammer zum Sauggas erfolgt während des gesamten Arbeitsspiels. In Abbildung 29 sind für beide Drehzahlen die Beiträge der einzelnen Teiloberflächen zum Wärmeeintrag bei „pulsierendem" Massestrom dargestellt.

Die dem Gas während eines Arbeitsspiels in der Saugkammer laut Strömungsberechnung zugeführte Wärme liegt im Bereich weniger Joule. Bei 750 min^{-1} lassen sich insgesamt fünf Joule, bei der Nenndrehzahl neun Joule feststellen. Den geringsten Beitrag liefert immer der Deckel der Saugkammer, den größten die Seitenwände. Der Saugstutzen, die Ventilplatte in der Saugkammer und der Saugventildurchgang liegen mit ihrem Wärmebeitrag in etwa der gleichen Größenordnung.

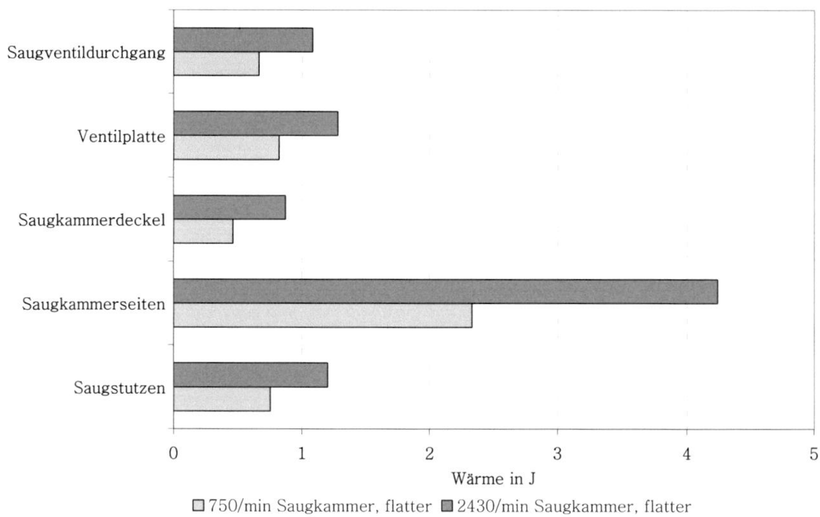

Abbildung 29: Saugkammer - Wärmezufuhr zum Sauggas, berechnet mit „pulsierendem" Massestrom am Saugventil

Der entgegengesetzte Effekt - die Abkühlung des Druckgases durch eine Wärmeabfuhr über die begrenzenden Wände - lässt sich in der Druckkammer feststellen. Die

Ergebnisse sind in Abbildung 30 mit „pulsierendem" Massestrom des Druckventils dargestellt.

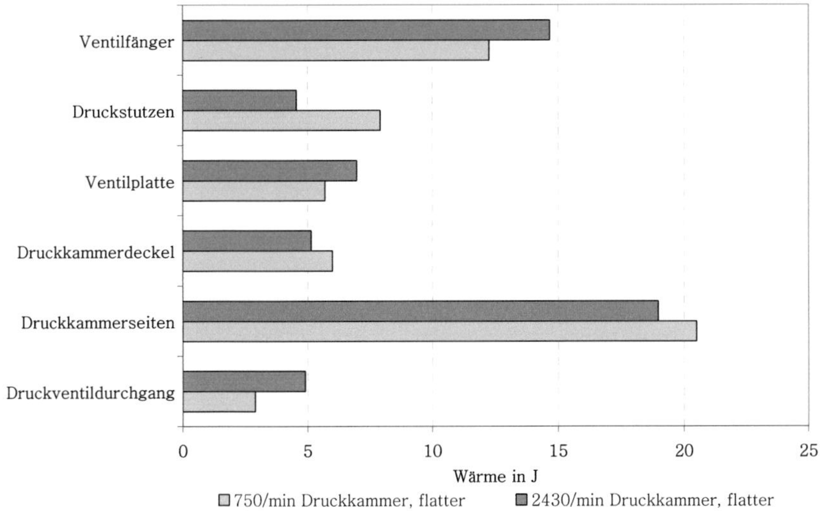

Abbildung 30: Druckkammer - Wärmeabfuhr aus dem Druckgas, berechnet mit „pulsierendem" Massestrom am Druckventil

Die Summe der abgeführten Wärme ist für die Druckkammer nahezu drehzahlunabhängig und liegt bei 55 Joule. Es lässt sich feststellen, dass der Beitrag der Kammerseiten weiterhin der größte ist, aber die Drehzahlabhängigkeit geringer ausfällt als in der Saugkammer. Einen weiteren großen Beitrag zur Kühlung des Druckgases liefern, den Ergebnissen der Strömungsberechnung nach, die Ventilfänger. Die Beiträge des Druckkammerdeckels, der Ventilplatte und des Druckstutzen liegen etwa in der gleichen Größenordnung. Den kleinsten Beitrag liefert der Druckventildurchgang.

7.1.6 Visualisierung bei stationärer Durchströmung der Kammern

Eine Veranschaulichung der stationär berechneten Strömung lässt sich mit Hilfe der Stromlinien erreichen, welche vom Eingang der Kammer durch das Berechnungsgebiet verlaufen. Auf die Betrachtung eines Momentanzustandes der instationären Strömung wird verzichtet, weil damit keine Veranschaulichung des komplizierten 3-dimensionalen Strömungsvorganges in den Kammern möglich ist.

Zur Verdeutlichung der prinzipiellen Strömungsvorgänge wird auf die Ergebnisse der stationären Saug- und Druckkammerdurchströmung bei Nenndrehzahl zurückgegriffen. Die Abbildung 31 enthält vier Ansichten der Saugkammer. Die Abbildung 32 vier Ansichten der Druckkammer.

Die Strömung am Eingang in die Saugkammer ist als orthogonal zum Saugstutzen beginnend definiert worden. Das ist durchaus gerechtfertigt, da die Ansaugleitung direkt nach oben weiter führt.

Es ist zu erkennen, dass die Stromlinien direkt nach der Passage des Saugstutzens in der Kammer auseinander streben. Ein Teil des Sauggases gelangt mehr oder weniger direkt zum Saugventil (Ansicht a)). Ein anderer Teilstrom ist trotz der Annahme stationärer Durchströmung durch chaotisches Verhalten bei niedrigen Geschwindigkeiten gezeichnet. Es kommt zu einer in Ansicht c) sichtbaren Bildung von Wirbeln. Weiterhin sind in Ansicht d) die Umlenkung der Strömung beim Auftreffen auf die Ventilplatte sowie die großen Geschwindigkeiten am Eintritt in den Saugventildurchgang zu erkennen.

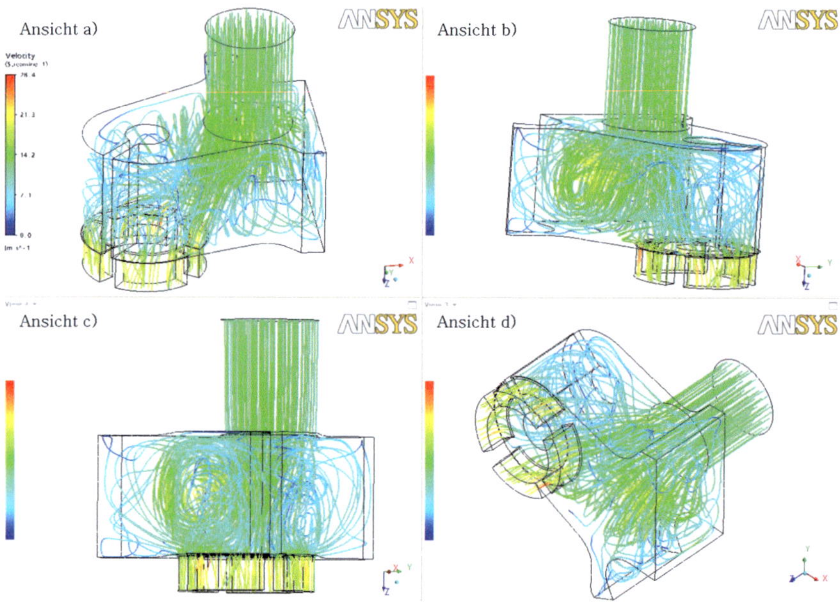

Abbildung 31: Berechnete Stromlinien der stationär durchströmten Saugkammer bei Nenndrehzahl

Die Zuströmung zur Druckkammer wurde ebenfalls als orthogonal zum Druckventil angenommen (Abbildung 32, Ansicht c)). Es lässt sich bei allen drei Druckventilen die extreme Umlenkung der Strömung bei der Passage der Druckventilfänger erkennen. Danach tritt das Gas in das erweiterte Druckkammervolumen ein und es kommt zu einer erheblichen Verringerung der Geschwindigkeit. Alle Stromlinien sind auf die Seitenwände gerichtet, wo es zu weiteren Umlenkungen kommt. Die Wirbelbildung und das Streben der Stromlinien zum Druckstutzen lassen sich in Ansicht c) erkennen. Die größten Geschwindigkeiten treten am Eintritt in den Druckstutzen auf. Hier kommt es auch zu einem Drall der stationären Strömung bezogen auf die Längsachse des Stutzens.

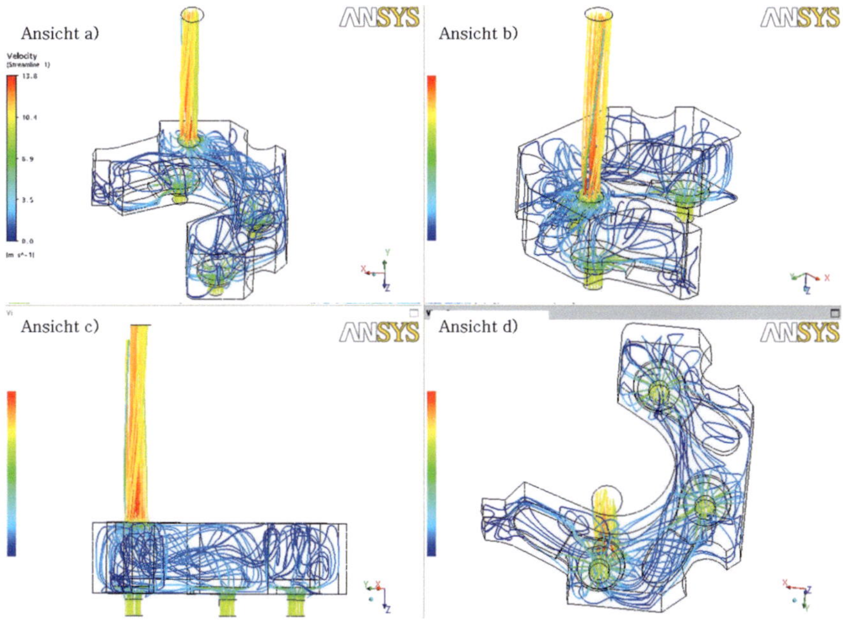

Abbildung 32: Berechnete Stromlinien der stationär durchströmten Druckkammer bei Nenndrehzahl

7.2. Stationäres Temperaturfeld des Zylinderkopfes

7.2.1 Validierung der Temperaturfeld-Berechnung

Unter Verwendung von Temperaturmesswerten und von berechneten Wärmeübergangskoeffizienten gelingt eine stationäre Berechnung der Temperaturverteilung im Zylinderkopf. Hieraus können die an das Gas in den Kammern übertragenen Wärmeströme näherungsweise berechnet werden.

Um eine möglichst gute Übereinstimmung zwischen den experimentell ermittelten und den berechneten Temperaturen zu erhalten, wurden die in der Strömungssimulation ermittelten Wärmeübergangskoeffizienten für die Temperaturfeldberechnung variiert. Die Ergebnisse dieser Anpassung finden sich in Anhang D (Tabelle 25, Tabelle 27). Dort sind auch die Temperaturen an den Vergleichsstellen verzeichnet (Tabelle 26, Tabelle 28).

Prinzipiell problematisch für die stationäre Temperaturfeldberechnung im Zylinderkopf ist der Wärmestrom vom Arbeitsraum. Während in der Realität das Produkt aus wärmeübertragender Fläche, Wärmeübergangskoeffizient und Gastemperatur im Arbeitsraum während eines Arbeitsspieles zwischen einem Größt- und einem Kleinstwert schwankt, sind diese Werte bei der stationären Temperaturfeldberechnung konstant.

Weiterhin ist als problematisch anzusehen, dass bei der Temperaturfeldberechnung eine einheitliche konstante Gastemperatur in jeder Kammer verwendet wurde, welche nur auf einem Messpunkt in der Strömung beruht. Diese Temperatur ist in der Realität aber stark orts- (und zeit)abhängig. Diese starke Vereinfachung kann nicht vermieden werden, da eine experimentelle Erfassung der Temperaturverteilung in der Strömung nicht möglich war. Die mittlere Gastemperatur der Kammer ist auch nicht der ausgeführten Strömungssimulation zu entnehmen, da diese zum Zwecke der Bestimmung des Wärmeübergangskoeffizienten mit der Annahme einer konstanten Wandtemperatur durchgeführt wurde und daher nicht zur Bestimmung des Temperaturfeldes der Strömung geeignet ist. Das führt zu einer weiteren Unsicherheit der angepassten Wärmeübergangskoeffizienten.

Im Gegensatz dazu sind die Fehler durch Diskretisierung und Vereinfachung der Geometrie und durch die unbekannte Temperaturabhängigkeit der Stoffwerte vernachlässigbar gering.

Bei der Variation der Wärmeübergangskoeffizienten gelingt es nicht vollständig, die Temperaturverteilung in den Mantelflächen der Kammern nachzubilden, weil für diese Flächen nur ein einheitlicher Wert des Wärmeübergangskoeffizienten verwendet wird. Dennoch lassen sich die gemessenen und die berechneten Temperaturen durch eine Anpassung der Wärmeübergangskoeffizienten innerhalb eines vertretbaren Intervalls (± 20···30 % für 750 min^{-1} bzw. ± 30···60 % für 2430 min^{-1}) hinreichend annähern. Nach Abschluss der Anpassung verblieben Differenzen in der Größenordnung von ± 4 K bzw. ± 9 K bei kleiner bzw. großer Drehzahl, welche in Anhang D aufgelistet sind (Tabelle 26 und 28).

Wegen der großen Anzahl veränderbarer Größen sind die hier angeführten Werte nur eine von vielen möglichen Kombinationen.

Bei der Anpassung der Wärmeübergangskoeffizienten lässt sich ein Trend feststellen: Die Werte für die Saugkammer werden verringert, für die Druckkammer erhöht oder beibehalten.

Zur Anpassung des berechneten Temperaturfeldes kann ein Vergleich des berechneten Wärmestroms an das Kühlmittel mit dem experimentellen Wert für beide Drehzahlen dienen (siehe Tabelle 16).

	750 min^{-1}		2430 min^{-1}	
	α flächen-gemittelt	α flächen-spezifisch	α flächen-gemittelt	α flächen-spezifisch
Wärmestrom	$\dot{Q}$ in W	$\dot{Q}$ in W	$\dot{Q}$ in W	$\dot{Q}$ in W
Experiment	983	983	2393	2393
Temp.feldberechnung	749,5	759,0	1960,9	2062,0
Temp.feldberechnung incl. Anschlüsse	910,2	921,0	2447,9	2558,0

Tabelle 16: Vergleich der Kühlmittelwärmeströme von Temperaturfeldberechnung und Experiment

Da zunächst die Wärmezufuhr in den 60 bzw. 90 mm langen Kühlmittelein- bzw. austrittsstutzen nicht berücksichtigt wurde, lagen die berechneten Werte des Kühlmittelwärmestroms je nach verwendetem Wärmeübergangskoeffizienten für die kleine Drehzahl 23···24 %, für die Nenndrehzahl um 18···14% unter den experimentellen Ergebnissen. Unter Berücksichtigung der zusätzlichen Wärmezufuhr an das Kühlmittel bis zur Temperaturmessstelle konnten die Unterschiede des Wärmestroms zwischen Rechnung und Messung auf ca. ± 7 % reduziert werden. Damit wird die thermische Modellierung des Zylinderkopfes als realitätsnah bestätigt.

7.2.2 Wandwärmeströme aus der Temperaturfeld-Berechnung

Aus der im Festkörpermodell berechneten Temperaturverteilung lassen sich die Wärmeströme im Zylinderkopf berechnen. Aufgrund der zuvor dargestellten Abweichung des Temperaturfeldes haben diese nur Nährungscharakter.

Die errechneten Wärmeströme für die Teilflächen der Saug- und der Druckkammer finden sich in Tabelle 17. Da die Wärmeströme des Saug- und des Druckstutzens in der Berechnung zunächst nur für eine Schicht bekannt sind, wird, mit der Annahme konstanter Verhältnisse längs der Stutzen, auf den Wärmestrom für die gesamte Stutzenlänge geschlossen.

	750 min^{-1}		2430 min^{-1}	
	α flächen-gemittelt	α flächen-spezifisch	α flächen-gemittelt	α flächen-spezifisch
Wärmestrom	$\dot{Q}$ in W	$\dot{Q}$ in W	$\dot{Q}$ in W	$\dot{Q}$ in W
Druckventile a)	-8,3	-13,8	-28,3	-86,1
Ventilplatte b)	-65,7	-76,3	-221,9	-315,6
Kammerseiten d)	-189,4	-200,3	-588,3	-621,7
Kammerdeckel e)	-50,4	-43,6	-150,5	-138,8
Druckstutzen f)	-127,5	-138,7	-392,9	-408,6
Druckkammer gesamt	**-441**	**-473**	**-1382**	**-1571**
Saugstutzen a)	2,8	3,8	21,1	30,7
Kammerdeckel b)	2,2	2,5	16,1	26,2
Kammerseiten c)	12,3	14,7	88,9	93,1
Ventilplatte d)	2,8	4,5	18,3	30,4
Saugventil e)	1,4	2,2	9,1	11,8
Saugkammer gesamt	**22**	**28**	**154**	**192**

Tabelle 17: Wärmeströme aus der Temperaturfeldberechnung, mit angepassten Wärmeübergangskoeffizienten

Der bei 750 min^{-1} mit flächengemitteltem Wärmeübergangskoeffizienten auftretende Wärmestrom am Druckventil ist mit 8,3 Watt sehr klein und liegt um ein bis zwei Größenordnungen niedriger als an den anderen Teilflächen. Den nächst größeren Beitrag zur Druckgaskühlung leisten die Ventilplatte und der Druckkammerdeckel. Noch mehr Wärme wird über die Seiten der Druckkammer und den Druckstutzen abgeführt. Der gesamt abgeführte Wärmestrom liegt bei 441 Watt.

Wird mit flächenspezifischen Wärmeübergangskoeffizienten gearbeitet, so verdoppelt sich der Wärmestrom für das Druckventil nahezu. Alle anderen Werte erhöhen sich ebenfalls. Eine Ausnahme bildet hier der Druckkammerdeckel. Die Relationen bleiben erhalten und die Summe des Gesamtwärmestroms erhöht sich auf 473 Watt. Damit beträgt der Unterschied zwischen den beiden Modellen ca. 7 %.

Bei Nenndrehzahl liegt der Wärmestrom für das Druckventil ebenfalls eine Größenordnung niedriger als der durch die anderen Teilflächen. Die anderen Relationen bleiben ebenfalls erhalten. So sind auch hier die Wärmeströme durch die Ventilplatte in der Druckkammer, der Deckel, die Seitenwände und der Druckstutzen in der gleichen Größenordnung. Der insgesamt in der Druckkammer abgeführte Wärmestrom liegt mit 1382 Watt in der Größenordnung von ca. 20 % der indizierten Leistung.

Auch wenn alle Teilflächen mit einem eigenen, angepassten Wärmeübergangskoeffizienten versehen werden, bleiben die Größenordnungen der Wärmeströme erhalten (siehe Tabelle 17).

Diese Analyse lässt sich auch für die Saugkammer durchführen. Hierbei liegen die Wärmeströme am Saugstutzen, am Saugkammerdeckel, an der Ventilplatte und am Saugventil bei 750 min^{-1} in der Größenordnung von wenigen Watt. Den größten Einfluss hat auch hier, wie in der Druckkammer, die Seitenwand der Saugkammer. Die Summe des dem Sauggas zugeführten Wärmestromes liegt bei der Vorgabe des flächengemittelten Wärmeübergangskoeffizienten bei 22 Watt.

Bei Annahme unterschiedlicher Wärmeübergangskoeffizienten für die Teilflächen steigen die Wärmeströme um etwa $\frac{1}{4}$ an.

Bei der Berechnung mit flächengemittelten Wärmeübergangskoeffizienten für die Nenndrehzahl steigen die Werte des Wärmestromes auf 153,5 Watt an. Auch hier wächst die Summe des Gesamtwärmestromes unter Verwendung flächenspezifischer Werte für den Wärmeübergangskoeffizienten um etwa $\frac{1}{4}$.

7.2.3 Grafische Darstellung der Temperaturverteilung

Die errechnete Temperaturverteilung wird durch je eine Temperatur im Bilanzelement gekennzeichnet und lässt sich durch Zuordnen einer Farbe grafisch darstellen. Das in den Abbildungen 33 bis 36 gezeigte Beispiel wurde mit flächenspezifischen Wärmeübergangskoeffizienten für die Nenndrehzahl berechnet. Die Änderung der Farben von blau bis gelb entspricht in den Abbildungen 33 bis 36 Temperaturen von ca. 90 °C bis ca. 290 °C.

In Abbildung 33 ist erkennbar, dass die Temperatur der Fluide in Saug- und Druckkammer sowie im Kühlkanal konstant ist. Die Temperaturverteilung des Festkörpers, auf der im Experiment untersuchten horizontalen Messebene durch den Zylinderkopf, wird ebenfalls sichtbar. Hierbei ist der Einfluss des Kühlkanals auf die umgebenden Wände gut erkennbar. Die Temperaturverteilung in Abbildung 33 wird zur Verdeutlichung der vorhandenen Temperaturgradienten innerhalb der Verteilung als vergrößerter Ausschnitt in Abbildung 34 dargestellt.

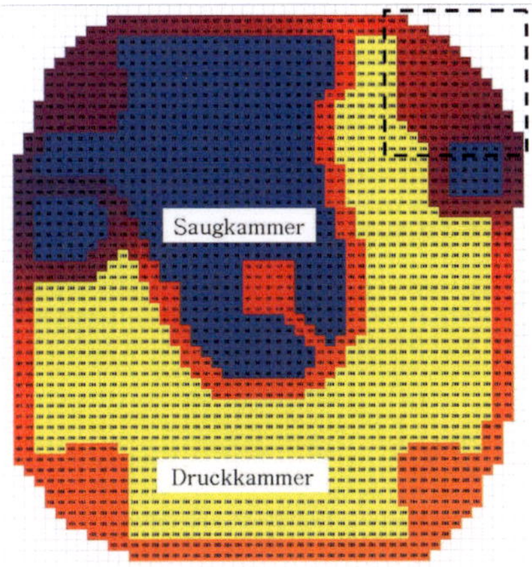

Abbildung 33: Temperaturfeld
Messebene (23,38 mm Elementmitte)

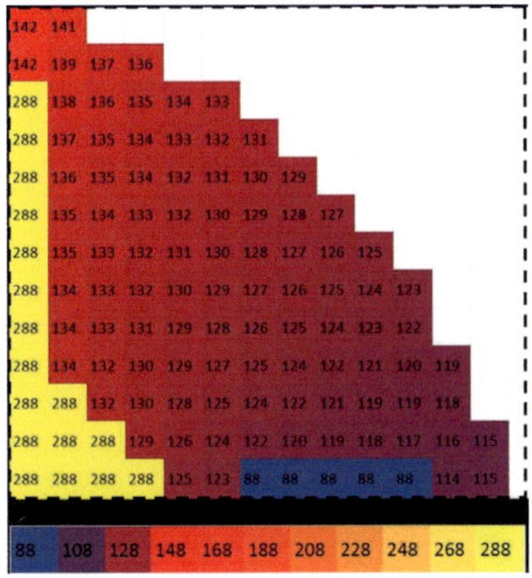

Abbildung 34: Temperaturfeld
Messebene – Ausschnitt und Skale

Eine weitere grafische Darstellung der Temperaturverteilung im Zylinderdeckel sowie der Ventilplatte erfolgt in Abbildung 35 und 36.

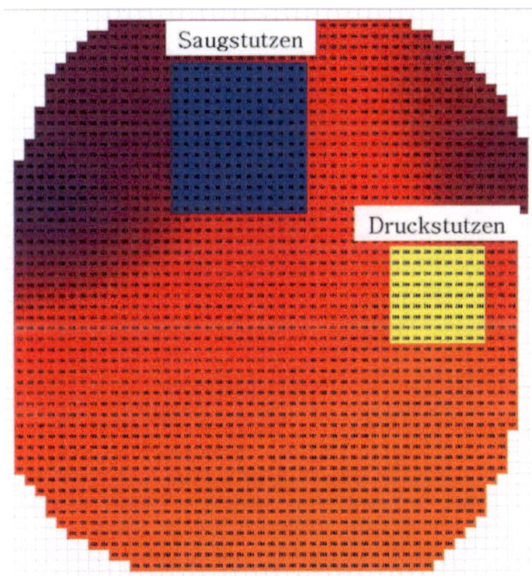

Abbildung 35: Temperaturfeld
Zylinderkopfdeckel

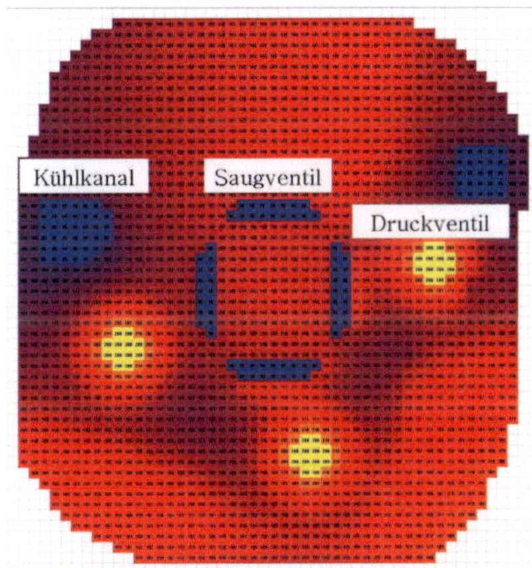

Abbildung 36: Temperaturfeld
Ventilplatte

Die Vereinfachung der Geometrie von Ansaug- und Druckstutzen lässt sich in Abbildung 35 (vgl. Kontur in Abbildung 22) ebenso erkennen, wie die erhebliche Veränderung der Temperatur von der Saugkammer zur Druckkammer, speziell in den äußeren Elementen des Zylinderkopfdeckels. Der Temperaturverlauf in der Trennwand zwischen Saug- und Druckkammer wird nicht deutlich wiedergegeben, aber die Lage des Kühlkanalanschlusses innerhalb des Zylinderkopfes ist erkennbar.

In der Ebene der Ventilplatte (Abbildung 36) spiegeln sich die konstanten Fluid-temperaturen im Modell deutlich wieder. Der Einfluss des Kühlkanals ist ebenfalls deutlich zu erkennen.

8. Zusammenfassung und Schlussfolgerungen

Die vorliegende Arbeit befasst sich mit experimentellen sowie theoretischen Untersuchungen zum Wärmeübergang in einem kleinen Hubkolbenluftverdichter für mobile Anwendungen. Die theoretischen Untersuchungen umfassen eine Strömungssimulation der Saug- und Druckkammer sowie eine Temperaturfeldberechnung im Zylinderkopf. Die experimentellen Untersuchungen dienen der Verbesserung der Kühlung des Verdichters, welche auf vielfältige Weise möglich ist. Sämtliche Untersuchungen wurden für die kleinste und größte Drehzahl des Drehzahlbandes sowie das größte zu bewältigende Druckverhältnis durchgeführt, wodurch die auftretenden Extrema erfasst wurden.

Die Auswirkung der im Experiment untersuchten Veränderungen auf die spezifische Arbeit, den Ausnutzungsgrad bzw. Massestrom sowie die Druckstutzentemperatur werden analysiert. Diese Untersuchungen ermöglichten es, eine mit Messwerten untermauerte Aussage zur Größenordnung der Veränderung im direkten Vergleich zum Original-Verdichter zu treffen. Als maßgebliche Erkenntnisse der experimentellen Untersuchungen sind aufzuführen:

- die Messungen an der verhältnismäßig kleinen Maschine sind reproduzierbar,
- auch der kleine Verdichter hat ein ausschöpfbares Verbesserungspotential (Konvektion, Berippung mit Kupferrippen),
- die thermischen Vorgänge sind kompliziert und die Effekte der Veränderungen lassen sich nicht in jedem Fall voraussagen (Erweiterung der Ventilplattenkühlung, Berippung mit Stahl, Verschiebung des Saugstutzens) oder in ihrer Größenordnung abschätzen (Zylinderkühlung mittels Luft),
- die erreichbaren Verbesserungen sind gering, aber messbar.

Die theoretischen Untersuchungen mittels Strömungssimulation wurden für die Strömung in den Kammern des Zylinderkopfes durchgeführt. Dem gehen, zur Bereitstellung der Randbedingungen, Berechnungen der Vorgänge im Arbeitsraum voraus. Bei der Strömungssimulation wurde Augenmerk auf die Ermittlung oder besser die Abschätzung der Wärmeübergangskoeffizienten der einzelnen Teiloberflächen der Kammergeometrie gelegt, wobei der Einfluss verschiedener Modelle des Ventilmassestromes untersucht wurde. Die wesentlichste Vereinfachung der Strömungsuntersuchungen ist die Annahme einer konstanten Wandtemperatur in den Kammern. Die Ergebnisse zeigen, dass die in der Literatur für den Wärmeübergang in den Kammern zu findende stationäre Betrachtung oder gar Vernachlässigung der Vorgänge in den Kammern nicht gerechtfertigt ist. Eine fundamentale Erkenntnis für die Wärmeübergänge in der Saugkammer wie in der Druckkammer ist, dass die Pulsation des Massestromes, welche erheblich höhere Frequenzen als der eigentliche Arbeitsprozess erreichen kann, sich kaum auf die Wärmeübergangskoeffizienten auswirkt. Je weiter die betrachtete Teiloberfläche von der Ursache der Pulsation, den Ventilen, entfernt ist, desto mehr schwächt sich der Einfluss eines pulsierenden Massestromes ab.

Im zweiten Teil der theoretischen Arbeit wurden die Temperaturfelder im Zylinderkopf berechnet. In diesen Berechnungen gehen die Erkenntnisse der Strömungsberechnung und der Experimente als Randbedingungen ein. Die Ergebnisse dieser Berechnungen wurden durch experimentelle Daten des Kühlmittelwärmestromes validiert und führen zur Möglichkeit, den Wärmestrom durch einzelne Teiloberflächen zu bestimmen. Dabei werden die in der Strömungssimulation errechneten Wärmeübergangskoeffizienten innerhalb einer sinnvollen Größenordnung verändert. Es zeigt sich, dass die Ventildurchgänge trotz höchster auftretender Wärmeübergangskoeffizienten den kleinsten Anteil an der Erwärmung des Gases in der Saugkammer und der Kühlung des Gases in der Druckkammer haben. Den größten Wärmestrombeitrag leisten die Seitenwände der Kammern, welche durch einen eingebrachten Kühlmittelkanal erheblich zur Verringerung der Sauggasaufheizung bzw. zur Druckgaskühlung beitragen könnten. Die genauen Anteile sind sowohl von der untersuchten Kammer als auch von der untersuchten Drehzahl unabhängig.

Literatur

[1] Zosel, P., *Kapazitives Messen von Bauteilbewegungen an Kolbenmaschinen*, Fachzeitschrift Industriepumpen + Kompressoren, Heft 3, September 1999

[2] Lehr, S., *Einfluss der Ventilplattenkühlung auf Wärmeverteilung und Fördervolumen eines Luftkompressors*, Forschungsbericht, Technische Universität Dresden, Institut für Energietechnik (im Auftrag der Hoerbiger Kompressortechnik GmbH), November 2007

[3] Maxwell, J. C., *Theorie der Wärme*, nach der vierten Auflage des Originals ins Deutsche übertragen, Verlag von Maruschke & Berendt, 1877

[4] Feynman, R. P., Leighton, R. B., Sands, M., *Feynman-Vorlesungen über Physik Band 1 Mechanik, Strahlung, Wärme*, Oldenbourg Wissenschaftsverlag GmbH, 2007

[5] VDI-Gesellschaft Verfahrenstechnik und Chemieingenieurwesen (Hrsg.), *VDI-Wärmeatlas, Berechnungsblätter für den Wärmeübergang*, 8. überarbeitete und erweiterte Auflage, Springer Verlag, 1997

[6] Zhang, H., Wu, Y., *An investigation on heat transfer in reed valve passage*, International Compressor Engineering Conference at Purdue, 1988, West Lafayette, Indiana, USA

[7] Ooi, K. T., *Heat transfer study of a hermetic refrigeration compressor*, Applied Thermal Engineering 23 (2003), Elsevier Ltd

[8] Ooi, K. T., Phua, K. K., *Effects of materials on temperature distribution of a compressor*, International Compressor Engineering Conference at Purdue, 1998, West Lafayette, Indiana, USA

[9] Sim, Y-H, Youn, Y, Min, M-K, *A study on heat transfer and performance analysis of hermetic reciprocating compressors for refrigerators*, International Compressor Engineering Conference at Purdue, 2000, West Lafayette, Indiana, USA

[10] Link, R., Deschamps, C. J., *Numerical Modelling of the start up transient in reciprocating compressors*, The 22nd IIR International Congress of Refrigeration, 2007, Beijing, China,

[11] Chrustalev, B. S., Krasnikov, A. G., *Analysis of non-stationary processes of heat and mass exchange in the reciprocating compressor suction system for natural gas compression*, International Compressor Engineering Conference at Purdue, 1998, West Lafayette, Indiana, USA

[12] Xin, R., Hatzikazakis, P., *Reciprocating compressor performance simulation*, International Compressor Engineering Conference at Purdue, 2000, West Lafayette, Indiana, USA

[13] Brok, S. W., Touber, S., van der Meer, J. S., *Modelling of cylinder heat transfer - Large effort, little effect?*, International Compressor Engineering Conference at Purdue, 1980, West Lafayette, Indiana, USA

[14] Cavallini, A., Doretti, L., Longo, G. A., Rossetto, L., *Thermal analysis of a hermetic reciprocating compressor*, International Compressor Engineering Conference at Purdue, 1996, West Lafayette, Indiana, USA

[15] Deschamps, C. J., Posamai, F. C., Pereira, E. L. L., *Numerical Simulation of pulsating flow in suction mufflers*, International Compressor Engineering Conference at Purdue, 2002, West Lafayette, Indiana, USA

[16] Meyer, W. A., Thompson, H. D., *An analytical model of heat transfer to the suction gas in a low-side hermetic refrigeration compressor*, International Compressor Engineering Conference at Purdue, 1990, West Lafayette, Indiana, USA

[17] Corberán, J. M., Gonzálvez, J., *A global model for piston compressors with gas dynamics calculation in the pipes*, International Compressor Engineering Conference at Purdue, 1998, West Lafayette, Indiana, USA

[18] Pereira, E. L. L., Deschamps, C. J., Ribas jr., F. A., *Performance analysis of reciprocating compressors through computational fluid dynamics simulation*, Proceedings IMechE Vol. 222 Part E, J. Process Mechanical Engineering, 2008, London

[19] Cavallini, A., Del Col, D., Doretti, L., Rossetto, L., *Unsteady-state analysis of the compression cycle of a hermetic reciprocating compressor*, International Compressor Engineering Conference at Purdue, 1998, West Lafayette, Indiana, USA

[20] Meyer, W. A., Thompson, H. D., *An experimental investigation into heat transfer to the suction gas in a low-side hermetic refrigeration compressor*, International Compressor Engineering Conference at Purdue, 1990, West Lafayette, Indiana, USA

[21] Polenz, W., *Pumpen für Flüssigkeiten und Gase – Bauteile für Pumpen*, VEB Verlag Technik Berlin, 1983

[22] Souto, L. E. M., Deschamps, C. J., *Experimental investigation of flow through compressor valves*, 5. International Conference on Compressors and Coolants, 2004, Papernicka, Slovak Republic

[23] Böswirth, L., *Non steady flow in valves*, International Compressor Engineering Conference at Purdue, 1990, West Lafayette, Indiana, USA

[24] Böswirth, L., *Theorical and experimental study on valve flutter*, International Compressor Engineering Conference at Purdue, 1990, West Lafayette, Indiana, USA

[25] Heywood, J. B., *Internal combustion engine fundamentals*, McGraw-Hill, 1998

[26] Mollenhauer, K. (Hrsg.), *Handbuch Dieselmotoren*, 2. Auflage, Springer Verlag, 2002

[27] Süß, J., *Untersuchungen zur Konstruktion moderner Verdichter für Kohlendioxid als Kältemittel*, Forschungsberichte des Deutschen Kälte- und Klimatechnischen Vereins Nr. 59, Dissertation, Universität Hannover, 1998

[28] Kleinschmidt, W., *Instationäre Wärmeübertragung in Verbrennungsmotoren – Theorie, Berechnung und Vergleich mit Versuchsergebnissen*, Fortschr. Ber. VDI Reihe 12 Nr. 383, Universität – Gesamthochschule Siegen, 1999

[29] Ghoneim, M. M., *Wandwärme- und Liefergrad-Messungen an einem Luftkompressor*, Mitteilungen aus dem Institut für Thermodynamik und Verbrennungsmotorenbau an der E.T.H, Verlag Leemann Zürich, 1952

[30] Adair, R. P., *Instantaneous heat flow through the cylinder walls of reciprocating compressors*, Master thesis, Purdue University, 1972

[31] Shiva Prasad, B. G., *Regenerative heat transfer in reciprocating compressors*, PCRC Conference, 1992

[32] Liu, R., Zhou, Z., *Heat transfer between gas and cylinder wall of refrigerating reciprocating compressor*, International Compressor Engineering Conference at Purdue, 1984, West Lafayette, Indiana, USA

[33] Rigola, J., Pèrez-Segarra, C. D., Oliva, A., Serra, J. M., Escribá, M. Pons, J., *Parametric study and experimental comparison of small hermetic refrigeration compressors using an advanced numerical simulation model*, International Compressor Engineering Conference at Purdue, 1998, West Lafayette, Indiana, USA

[34] Kollmann, K., *Der Wärmeübergang im Luftkompressor*, VDI Forschungsheft 348, Ausgabe B Band 2, Berlin, 1931

[35] Arzano-Daurelle, C., Clodic, D., Hivet, B., *Compression model for open reciprocating compressor - Application to cylinder wall cooling study*, International Compressor Engineering Conference at Purdue, 1998, West Lafayette, Indiana, USA

[36] Huschenbett, M., *Simulation des Arbeitsprozesses eines zweistufigen Kolbenverdichters als Grundlage für die Analyse des Maschinenzustandes*, Diplomarbeit, Technische Universität Dresden, 2003

[37] Fagotti, F., Prata, A. T., *A new correlation for instantaneous heat transfer between gas and cylinder in reciprocating compressors*, International Compressor Engineering Conference at Purdue, 1998, West Lafayette, Indiana, USA

[38] Samland, G., Retz, N., *Thermal and structural analysis of a reciprocating compressor cylinder*, 3rd EFRC - Conference, 2003, Vienna, Austria

[39] Böswirth, L., *Neue Ansätze für eine „Liefergradformel"*, Kolloquium - Entwicklung und Betrieb von Kolbenverdichtern, Lehrstuhl für Pumpen, Verdichter und Apparate, Technische Universität Dresden, 1997

[40] Bielmeier, O., Müllner, T., *Wärmeübergang bei kompakten Kolbenverdichtern*, DKV - Tagungsbericht, 2008, Ulm

[41] Aigner, R., *Internal flow and valve dynamics in a reciprocating compressor*, Dissertation, Technische Universität Wien, 2007

[42] Meyer, G., *Simulation der Strömung in einem Kolbenverdichter*, Diplomarbeit, Technische Universität Wien, 2005

[43] Will, G., Flade, G., Gehlert, M., *Calculation of fluid flow in the cylinder of a reciprocating compressor*, EFRC - Preliminary Report, Technische Universität Dresden, 2003

[44] Zhou, W., Kim, J., Soedel, W., *New iterative scheme in computer simulation of positive displacement compressors considering the effect of gas pulsations*, Journal of Mechanical Design, Vol. 123, June 2001

[45] Adolph, U., *Gedanken zum Forschungsbedarf der Verdichterentwicklung*, Kolloquium - Entwicklung und Betrieb von Kolbenverdichtern Lehrstuhl für Pumpen, Verdichter und Apparate, Technische Universität Dresden, 1998

[46] Ninkovic, D., *Einfluß der Teilmodelle auf die Genauigkeit von Zylinderprozeßsimulationen*, Kolloquium - Entwicklung und Betrieb von Kolbenverdichtern, Lehrstuhl für Pumpen, Verdichter und Apparate, Technische Universität Dresden, 1997

[47] Myszka, D. H., *An analytical model for the discharge process in scroll compressors*, International Compressor Engineering Conference at Purdue, 1998, West Lafayette, Indiana, USA

[48] Jin, Y., Wu, D., Yu, Y., Wang, Y., Zhou, Z., *Mathematic simulation and experimental research on the suction and discharge piping system of reciprocating refrigerator compressors*, International Compressor Engineering Conference at Purdue, 1990, West Lafayette, Indiana, USA

[49] Kornhauser, A. A., Smith, Jr., J. L., *Heat transfer with oscillating pressure and oscillating flow*, CH2781-3/89/0000-2347, IEEE, 1998

[50] Srikanth, R., Thompson, H. D., *How the design of the suction return affects compressor efficiency*, International Compressor Engineering Conference at Purdue, 1988, West Lafayette, Indiana, USA

[51] Dettmann, P., *Wärmeübergang bei pulsierender Rohrströmung unter besonderer Berücksichtigung der Prandtl-Zahl*, Dissertation, Universität Kaiserslautern, 1986

[52] Kim, S. Y., Kang, B. H., Hyun, J. M., *Heat transfer in the thermally developing region of a pulsating channel flow*, International Journal of Heat and Mass Transfer, Vol. 36, No. 17 pp 4257-4266, 1993, Elsevier Science Ltd.

[53] Moschandreou, T., Zamir, M., *Heat transfer in a tube with pulsating flow and constant heat flux*, International Journal of Heat and Mass Transfer, Vol. 40, No. 10 pp 2461-2466, 1997, Elsevier Science Ltd.

[54] Kaiser, E., *Zur Wärmestrommessung an Oberflächen unter besonderer Berücksichtigung von Hilfswand-Wärmestromaufnehmern*, Dissertation B, Technische Universität Dresden, 1981

[55] Morrisen, A., Deschamps, C. J., *An assessment of experimental techniques for fast temperature transients in compressors*, International Compressor Engineering Conference at Purdue, 2010, West Lafayette, Indiana, USA

[56] Frenkel, M. I., *Kolbenverdichter – Theorie, Konstruktion und Projektierung*, VEB Verlag Technik Berlin, 1969

[57] Bouchè, Ch., Wintterlin, K., *Kolbenverdichter*, Springer-Verlag, 1960

[58] Küttner, K.-H., *Kolbenverdichter – Auslegung, Betrieb, Konstruktion*, Springer Verlag, 1992

[59] von Cube, H. L., Steimle, F., Lotz, H., Kunis, J. (Hrsg.), *Lehrbuch der Kältetechnik, Band 1*, C.F. Müller Verlag, 1997

[60] Knop, G., Hoff, K., *Flexibles Labyrinthsystem in Kolbenverdichtern für besondere Anwendungen*, Fachzeitschrift Industriepumpen + Kompressoren, Heft 2, Mai 2006

[61] Samland, G., *Berechnung des Verformungsverhaltens luftgekühlter Zylinder eines Tauchkolbenlabyrinthkompressors*, Kolloquium – Entwicklung und Betrieb von Kolbenverdichtern, Lehrstuhl für Pumpen, Verdichter und Apparate, Technische Universität Dresden, 1996

[62] Fröhlich, F., *Kolbenverdichter – Thermodynamische Grundlagen, Berechnung, Konstruktion und Betriebsverhalten*, Springer Verlag, 1961

[63] Auslegeschrift *Selbsttätiges Saug- oder Druckventil für Kompressoren mit elastischem Verschlussstück*, 22.08.1958, 1 129 784, Bendix-Westinghouse Automotive Air Brake Company

[64] Offenlegungsschrift *Zylinderkopfkühlung*, 19.06.1978, DE 2826744 A1, Wabco Westinghouse Fahrzeugbremsen GmbH

[65] Patentschrift *Zylinderkopfkühlung*, 21.09.1995, DE 195 35 079 C2, Wabco GmbH & Co.OHG

[66] Patentschrift *Zylinderkopfkühlung - Axialkolben*, 19.08.1998, EP 0 859 151 B1, KNORR-BREMSE Systeme für Nutzfahrzeuge GmbH

[67] Patentschrift *Interner Zwischenkühler*, 12.09.2000, 6,116,874, Knorr-Bremse Systems for Commercial Vehicles

[68] Offenlegungsschrift *Saugraumkühlung*, 14.05.1984, DE 3417847 A1, Hoerbiger Ventilwerke Aktiengesellschaft

[69] Patentschrift *Interner Zwischenkühler*, 18.10.2005, EP 1 650 434 A2, ITG Kompressoren GmbH

[70] Offenlegungsschrift *Interner Zwischenkühler*, 15.02.1979, DE 29 05 720 A 1, WABCO Fahrzeugbremsen GmbH

[71] Patentschrift *Druckventilkühlung*, 10.08.1978, 4,249,564, WABCO Westinghouse GmbH

[72] Groth, K., *Grundzüge des Kolbenmaschinenbaus II - Kompressoren*, Friedr. Vieweg & Sohn Verlagsgesellschaft mbH, 1995

[73] Patentschrift *Ventilsitzplatte - Kühlkanal*, 20.12.1991, EP 0 494 590 A1, Hoerbiger Ventilwerke Aktiengesellschaft

[74] Patentschrift *Ventilplatte - Kühlkanal*, 07.08.1996, EP 0 843 784 B1, KNORR-BREMSE Systeme für Nutzfahrzeuge GmbH

[75] Patentschrift *Kolbenkühlung*, 22.03.1997, DE 19712090 C1, MAN B&W Diesel A/S

[76] Patentschrift *Kolbenkühlung in Freikolbenverbrennungskraftmaschine*, 16.07.2002, WO 03/029626 A1, CATERPILLAR INC.

[77] Patentschrift *Gekühlter Kolben für Brennkraftmaschinen*, 12.02.1953, 935 285, Maschinenfabrik Augsburg-Nürnberg A.G.

[78] Offenlegungsschrift *Kolbenkühlung für Brennkraftmaschine, insbesondere Großdieselmotoren*, 23.12.1999, DE 19962325 A1, MAN B&W Diesel A/S

[79] Offenlegungsschrift *Wärmerohrvorrichtung für Schwingung ausführende Motorteile - Kolbenkühlung*, 17.02.1994, ED 4405091 A1, Ficht GmbH

[80] Offenlegungsschrift *Kolben- und Kolbenstangenkühlung*, 07.11.2007, DE 10 2007 000 652 A1, Technische Universität Dresden

[81] Hammer, C., *Piston Rod Cooling - Final Report*, Forschungsprojekt EFRC, unveröffentlichter Bericht, Technische Universität Dresden, Oktober 2009

[82] Patentschrift *Kolbenstangendichtung*, 06.03.2004, DE102004011410B4, Compart Compressor Technology GmbH & Co. KG

[83] Eifler, W., Schlücker, E., Spicher, U., Will, G., *Küttner Kolbenmaschinen - Kolbenpumpen, Kolbenverdichter, Brennkraftmaschinen*, Verlag Vieweg+Teubner, 2009

[84] Patentschrift *Zylinder- und Kurbelgehäusekühlung*, 03.08.2001, DE 101 38 070 C 2, Knorr-Bremse Systeme für Nutzfahrzeuge GmbH

[85] Patentschrift *Zylinder- und Kurbelgehäusekühlung*, 31.08.2005, EP 1 789 681 B1, Knorr-Bremse Systeme für Nutzfahrzeuge GmbH

[86] Offenlegungsschrift *Kurbelgehäusekühlung*, 24.11.1987, DE 3739677 A1, Wabco Westinghouse Fahrzeugbremsen GmbH

[87] Doering, E., Schedwill, H., *Grundlagen der Technischen Thermodynamik*, B.G. Teubner, 1994

[88] Bošnjaković, F., *Technische Thermodynamik / Teil II*, Verlag Steinkopff, 1971

[89] Yong, K., *Calculations of the heat and mass transfer in reciprocating compressor with spraying water into cylinders*, International Compressor Engineering Conference at Purdue, 1988, West Lafayette, Indiana, USA

[90] Yang, S. et al., *Interal water-spray cooling in the reciprocating compressor*, International Compressor Engineering Conference at Purdue, 1988, West Lafayette, Indiana, USA

[91] Patentschrift *Kühlmitteleinspritzdüse*, 28.05.(19)86, DD 236 142 A1, Bergakademie Freiberg

[92] Coney, M. W. et al., *Development of a reciprocating compressor using water injection to achive quasithermal compression*, International Compressor Engineering Conference at Purdue, 2002, West Lafayette, Indiana, USA

[93] Kremer, R., Barbosa, Jr., J. R., Deschamps, C. J., *Theoretical analysis of the effect of oil atomization in the cylinder of a reciprocating compressor*, International Conference on Compressors and their Systems, 2007, London

[94] Kremer, R., Deschamps, C. J., Barbosa, Jr., J. R., *Theoretical analysis of the effect of oil atomization in the cylinder of a reciprocating ammonia compressor*, International Compressor Engineering Conference at Purdue, 2008, West Lafayette, Indiana, USA

[95] Kremer, R., , Barbosa, Jr., J. R., Deschamps, C. J., *Cooling of a reciprocating compressor through oil atomisation in the cylinder*, International Compressor Engineering Conference at Purdue, 2010, West Lafayette, Indiana, USA

[96] Shiva Prasad, B. G., *Effect of liquid in a reciprocating compressor*, Journal of Energy Resources Technology, Vol. 124, pp. 187-190, 2002

[97] Adler, R., *Ionenverdichter für Hochdruckgase-Anwendungen*, 13. Workshop Kolbenverdichter, 2009, Rheine

[98] Offenlegungsschrift *Verbesserter Gaskompressor*, 24.07.1998, DE 198 33 286 A 1, Knorr-Bremse Systems for Comercial Vehicles

[99] Offenlegungsschrift *Wassergekühlter Kolbenverdichter*, 13.12.2005, DE 10 2005 059 491 A1, Knorr-Bremse Systeme für Nutzfahrzeuge GmbH

[100] Lehr, S., Langebach, R., *Improvement of the volumetric and isentropic efficiency due to modifications of the suction chamber*, International Compressor Engineering Conference at Purdue, 2008, West Lafayette, Indiana, USA

[101] Huhn, J., *Lehrveranstaltung Technische Thermodynamik (Teil Wärmeübertragung), Umdruck*, Technische Universität Dresden, 2006

[102] Langebach, R., *Strömungsuntersuchungen im Ansaugbereich eines Verdichters*, Großer Beleg, Technische Universität Dresden, 2007

[103] Benjack, P., *Theoretische Überlegungen zur Verbesserung gekühlter Ventilplatten und experimenteller Nachweis der Maßnahmen*, Großer Beleg, Technische Universität Dresden, 2009

[104] Rühlich, I., *Strömungstechnische Optimierung von Regeneratoren für Gaskältemaschinen*, Fortschr.-Ber. VDI Reihe 19 Nr. 117, Dissertation, Technische Universität Dresden, 1999

[105] Meinert, J., *Hochleistungsbauteilkühlung – Begleitende Lehrunterlagen*, Technische Universität Dresden, 2007/08

[106] Böswirth, L., *Strömung und Ventilplattenbewegung in Kolbenverdichtern*, Eigenverlag KOPITU, 2000

[107] Jin, Y., Wu, D., Yu, Y., Wang, Y., Zhou, Z., *Mathematic simulation and experimental research on the suction and discharge piping system of reciprocating refrigerator compressors*, International Compressor Engineering Conference at Purdue, 1990, West Lafayette, Indiana, USA

[108] Stehr, H., *Das Simulationssystem PURO99 – pulsierende Strömung in fluidischen Netzwerken*, 1st EFRC – Conference, 1999, Dresden

[109] Kuhlmann, P., *Berechnung von Schwingungen in den Rohrleitungen von Kolbenkompressoren*, Dissertation, Technische Hochschule Hannover, 1966

[110] Kleinert, H.-J. (Hrsg.), *Taschenbuch Maschinenbau Band 5 – Kolbenmaschinen, Strömungsmaschinen*, VEB Verlag Technik Berlin, 1989

Anhang A: Messstellenbezeichnung

Nr.:	Symbol	Beschreibung	Mehrfachbelegung/ Beschreibung
		Temperatursensor, Thermoelemente Typ K	
1	Tamb	Umgebung	
2	TSS	Luft, Saugstutzen	
3	TSK	Luft, Saugkammer	
4	TSV	Luft, Saugventil	
5	TDV	Luft, Druckventil	
6	TDK	Luft, Druckkammer	
7	TSV	Luft, Druckstutzen	
8	TGZ	Luft, Gaszähler	
9	TKM,ein	Kühlmittel, Eingang	
10	TKM,aus	Kühlmittel, Ausgang	
11	TÖl,ein	Öl, Eingang	
12	TÖl,aus	Öl, Ausgang	
13 ‡	TSK,Wände	Saugkammerwände	Seitenwand je 1 x, Kopf 2 x $\mid \sum = 4$
14 ‡	TTW	Trennwand, Kammer	Verteilt auf Wand 4 x $\mid \sum = 4$
15 ‡	TDK,Wände	Druckkammerwände	Seitenwand je 1 x, Kopf 2 x $\mid \sum = 5$
16 ‡	TVP	Ventilplatte	
17 ‡	TZW	Zylinderwand	Verteilt auf Wand 4 x $\mid \sum = 4$
		Drucksensor, Fa. Kulite Miniaturdruckaufnehmer	
18	pSK	Luft, Saugkammer	N 60 - 23
19	pAR	Luft, Arbeitsraum	P 78 - 38
20	pDK	Luft, Druckkammer	C 60 - 87 (defekt)
		Bewegungssensor, kapazitiv, mit Spannungsausgang	
21	kS	Saugventilbewegung	
		Winkelsensor, Fa. MEGATRON, inkrementaler Geber	
22	φ	Winkelgeber	

Tabelle 18: Messstellenbezeichnung

Anhang B: Ergebnisse der Arbeitsraumberechnung

In Abbildung 37 und 38 ist die näherungsweise Gleichheit zwischen gemessenen und berechneten Indikatordiagrammen zu sehen. Die Bewegung des Saugventils lässt sich hierbei durch Nachbilden der Kurve des Bewegungssensors am Saugventil wesentlich besser erreichen als auf der Druckventilseite, wo diese Information fehlt.

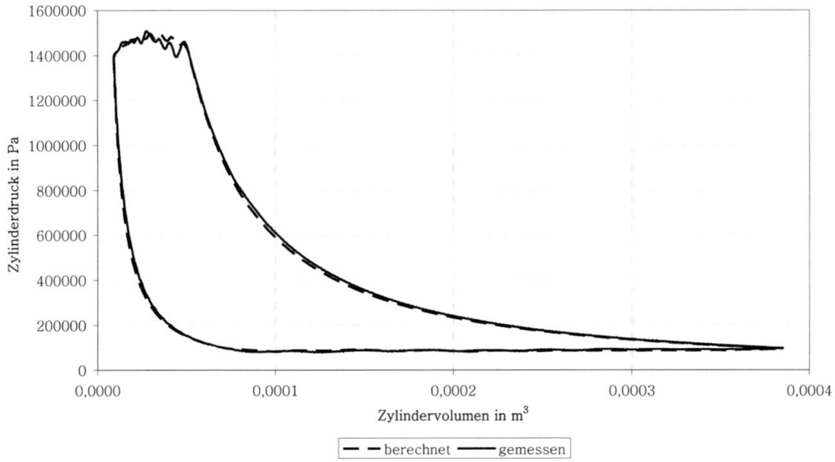

Abbildung 37: Indikatordiagramm – Vergleich Messung und Arbeitsraumberechnung bei 750 min^{-1}

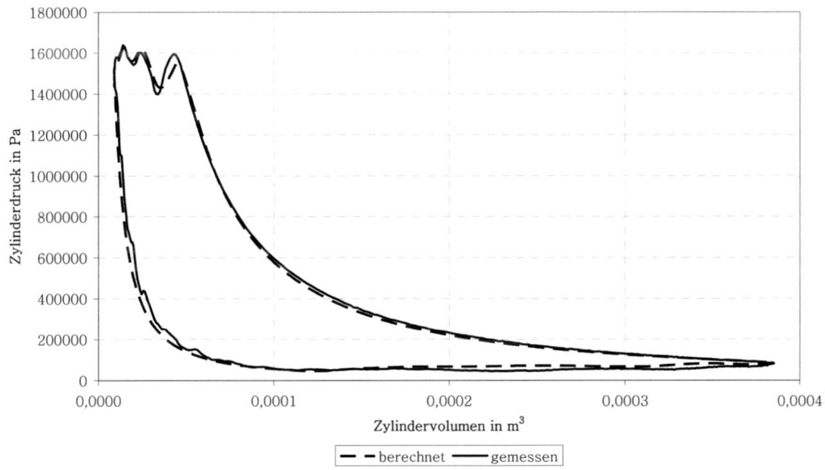

Abbildung 38: Indikatordiagramm – Vergleich Messung und Arbeitsraumberechnung bei 2430 min^{-1}

In den folgenden vier Abbildungen (Abb. 39 bis 41) sind die Massestromverläufe als Ergebnis der Arbeitsraumberechnung als Randbedingung für die Strömungssimulation grafisch dargestellt. Enthalten sind jeweils bei Saug- und Druckventil der gemessene stationäre Massestrom, in der Arbeit als „konstanter Massestrom" bezeichnet (--), der Massestrom des ideal öffnenden Ventils, in dieser Arbeit als „verdrängter Massestrom" bezeichnet (···) sowie der nachgebildete Massestrom des flatternden Ventils, in dieser Arbeit als „pulsierender Massestrom" bezeichnet (-).

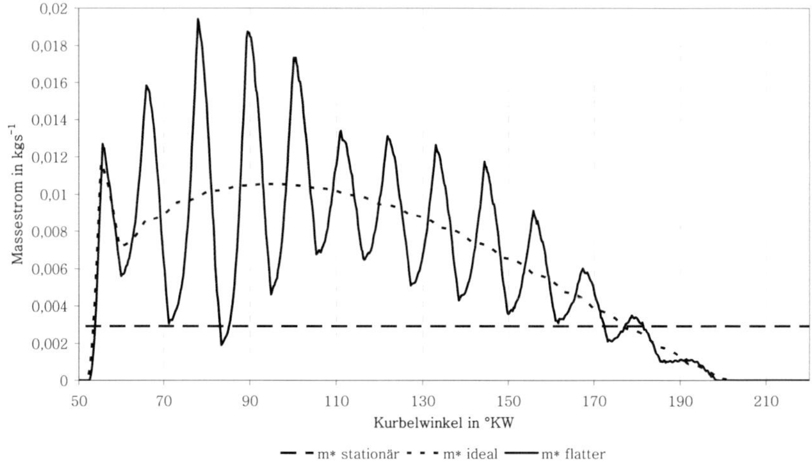

Abbildung 39: Massestrommodelle (50 bis 210 °) bei 750 min^{-1} als Vorgabe bei der Strömungssimulation der Saugkammer

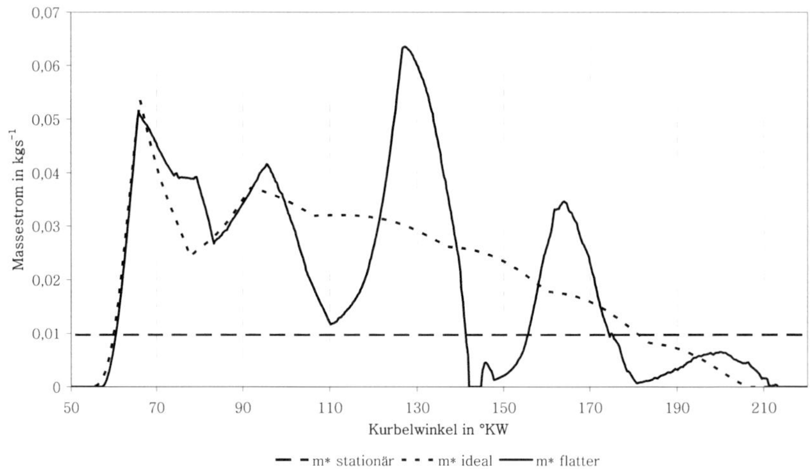

Abbildung 40: Massestrommodelle (50 bis 210 °) bei 2430 min^{-1} zur Vorgabe bei der Strömungssimulation der Saugkammer

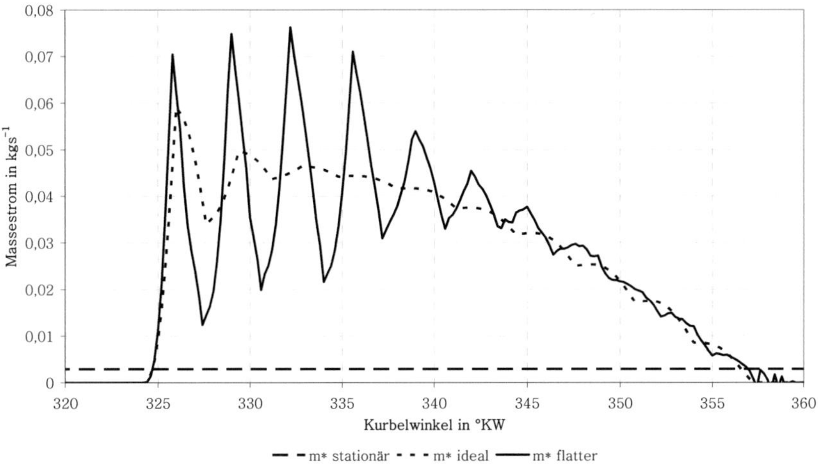

Abbildung 41: Massestrommodelle (320 bis 360°) bei 750 min^{-1} zur Vorgabe bei der Strömungssimulation der Druckkammer

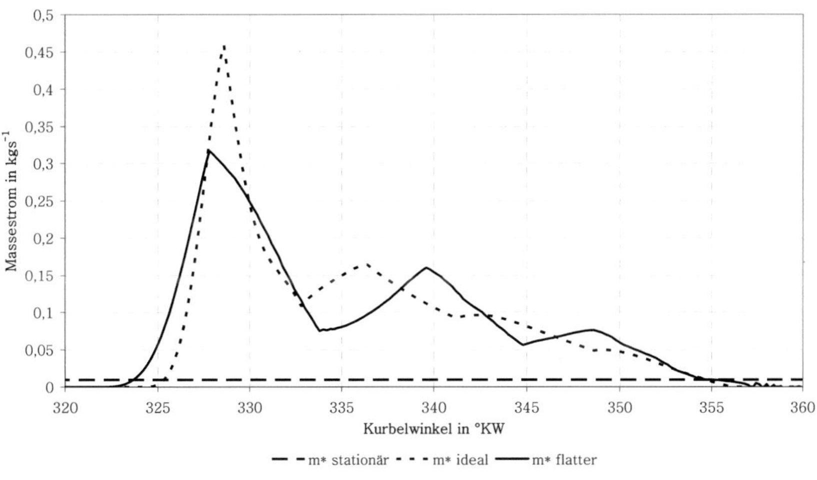

Abbildung 42: Massestrommodelle (320 bis 360°) bei 2430 min^{-1} zur Vorgabe bei der Strömungssimulation der Druckkammer

Anhang C: Ergebnisse der Strömungssimulation

a) Wärmestrom und Wärmeübergangskoeffizient 750 und 2430 min^{-1} in der Saugkammer bei „konstantem Massestrom“

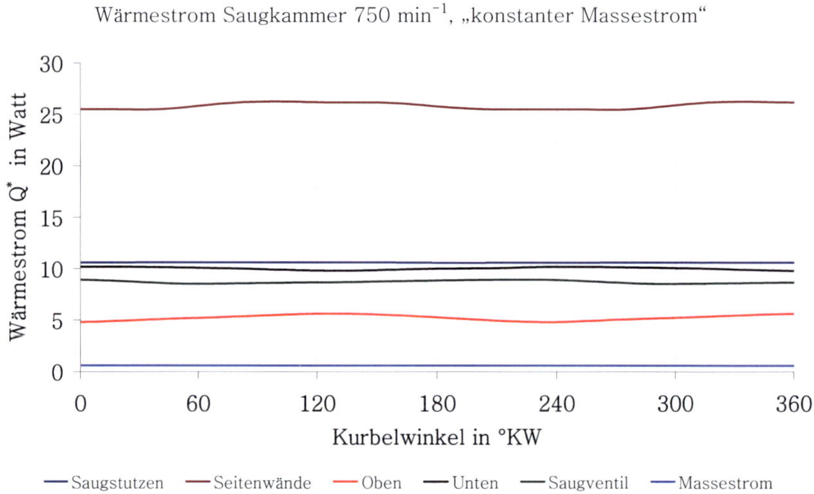

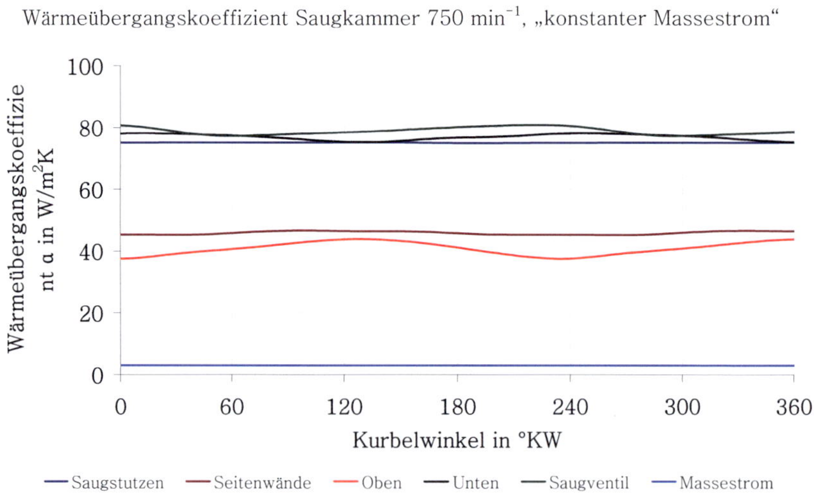

Wärmestrom Saugkammer 2430 min^{-1}, „konstanter Massestrom“

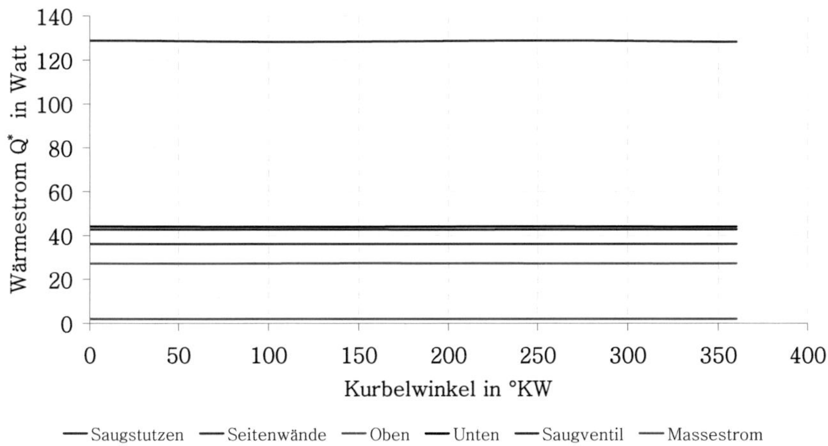

Wärmeübergangskoeffizient Saugkammer 2430 min^{-1}, „konstanter Massestrom“

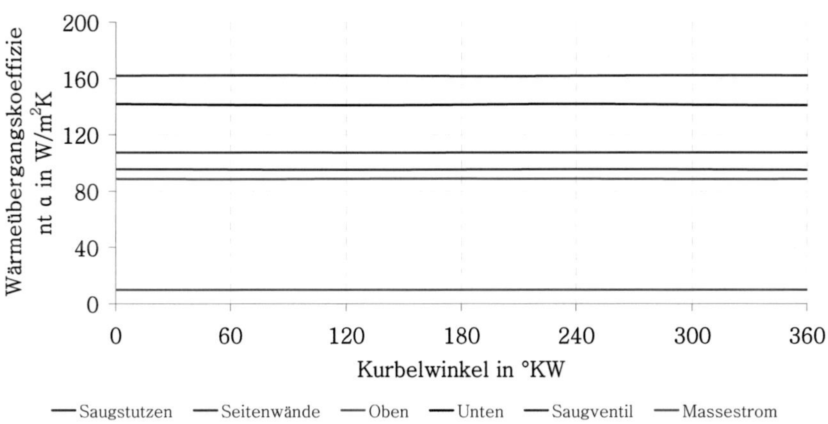

b) Wärmestrom und Wärmeübergangskoeffizient 750 und 2430 min^{-1} in der Saugkammer bei „verdrängtem Massestrom“

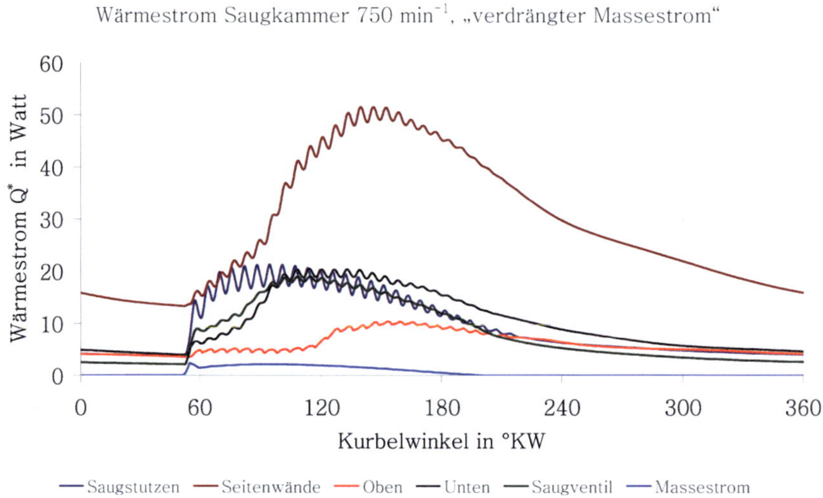

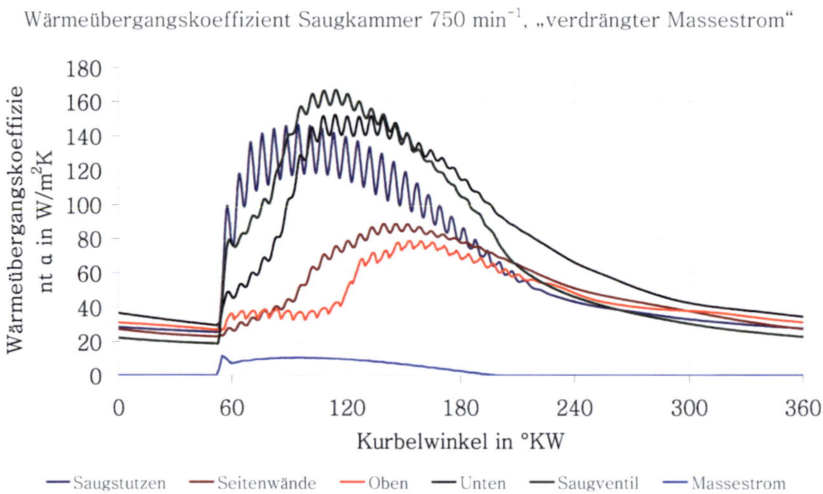

Wärmestrom Saugkammer 2430 min^{-1}, „verdrängter Massestrom“

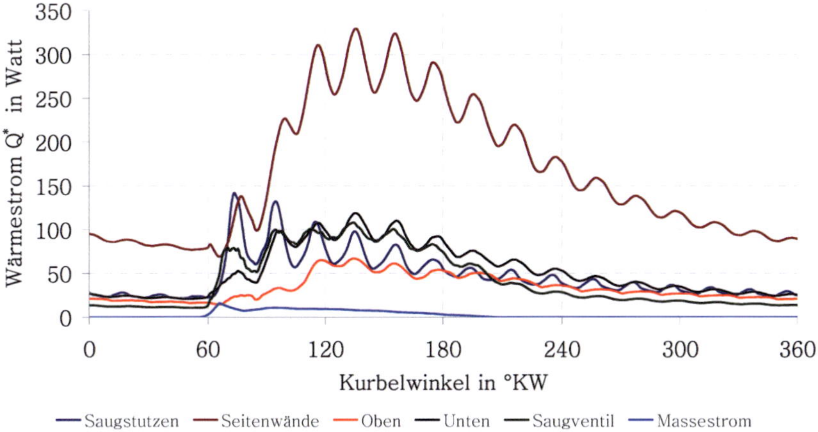

Wärmeübergangskoeffizient Saugkammer 2430 min^{-1}, „verdrängter Massestrom“

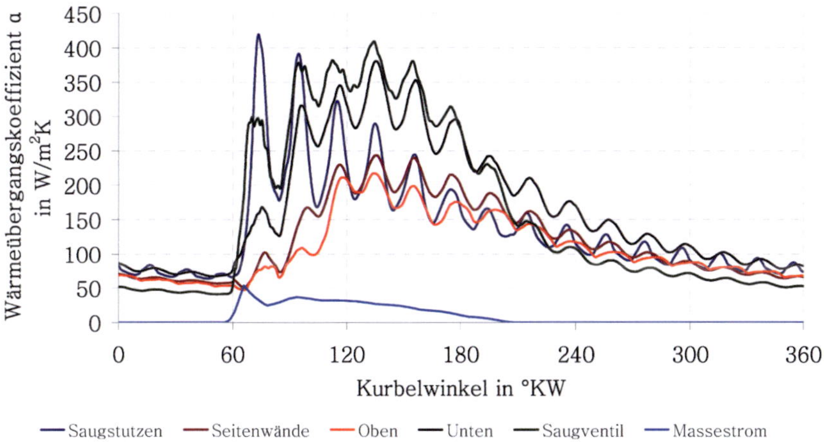

c) Wärmestrom und Wärmeübergangskoeffizient 750 und 2430 min^{-1} in der Saugkammer bei „pulsierendem Massestrom“

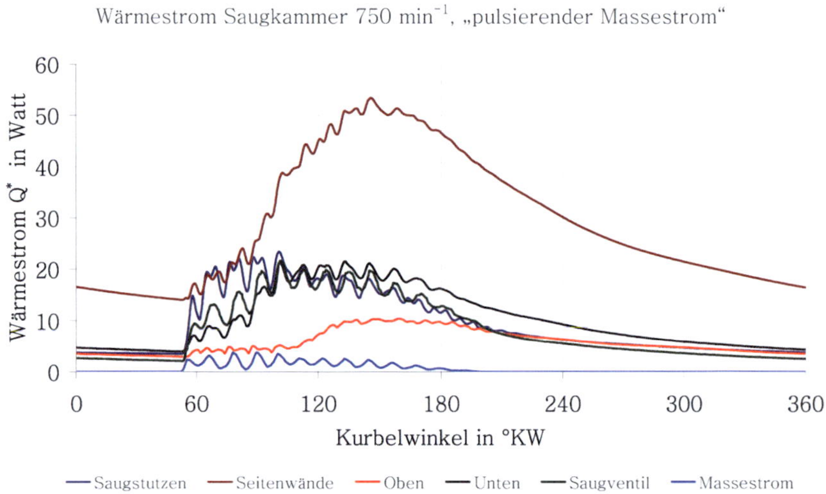

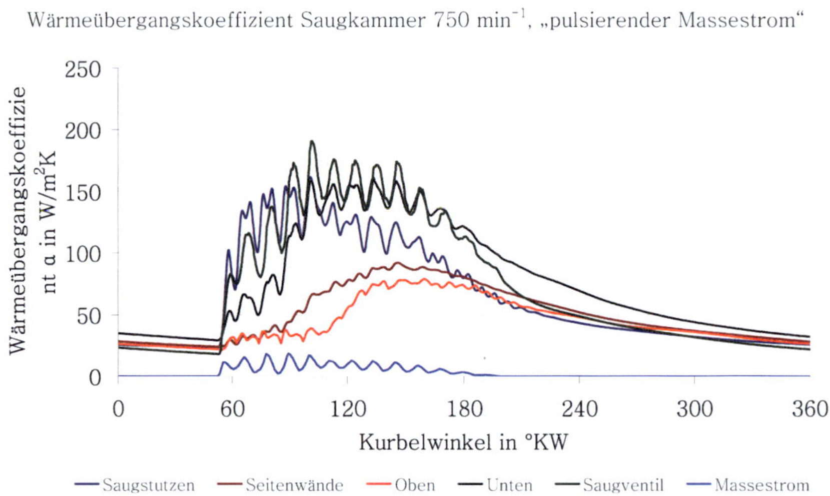

Wärmestrom Saugkammer 2430 min^{-1}, „pulsierender Massestrom"

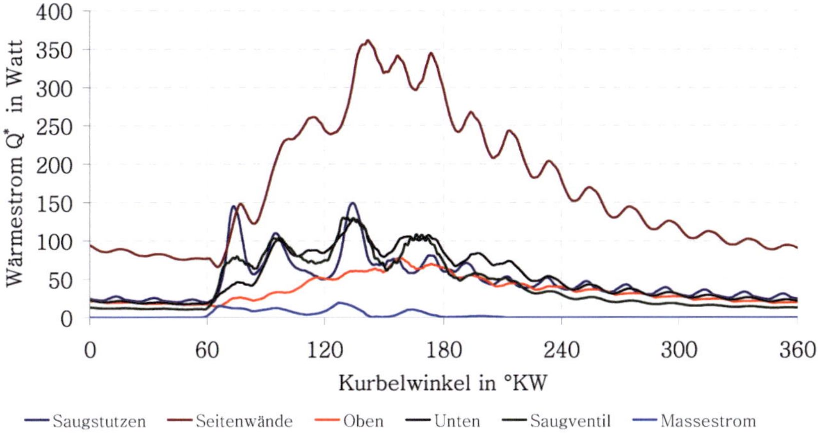

Wärmeübergangskoeffizient Saugkammer 2430 min^{-1}, „pulsierender Massestrom"

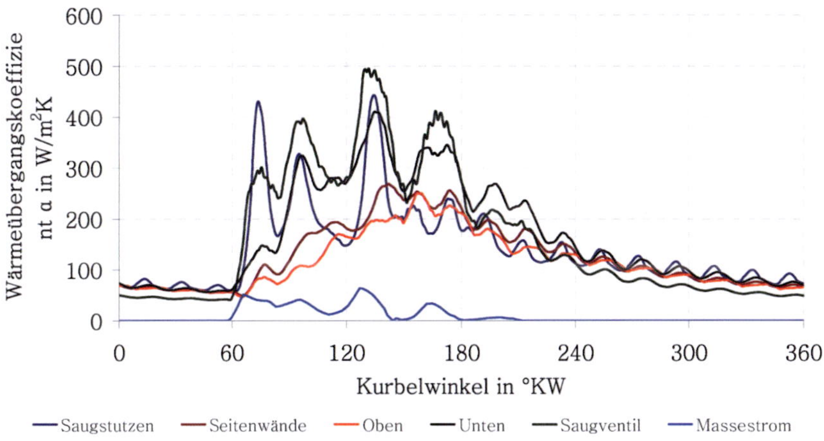

d) Wärmestrom und Wärmeübergangskoeffizient 750 und 2430 min^{-1} in der Druckkammer bei „konstantem Massestrom“

Wärmestrom Druckkammer 750 min^{-1}, „konstanter Massestrom“

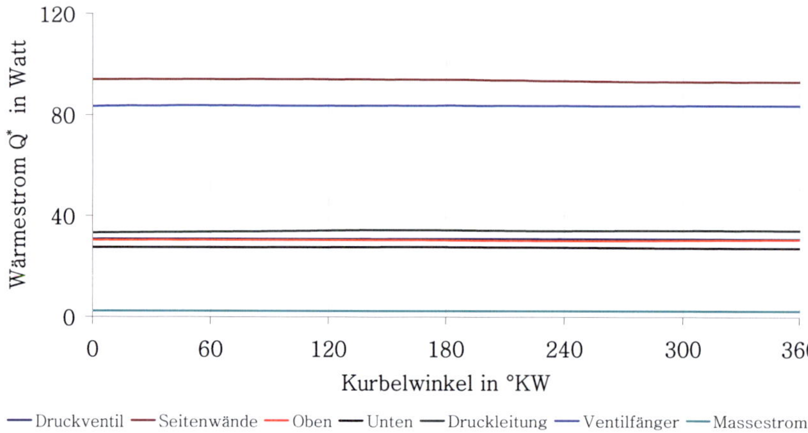

Wärmeübergangskoeffizient Druckkammer 750 min^{-1}, „konstanter Massestrom“

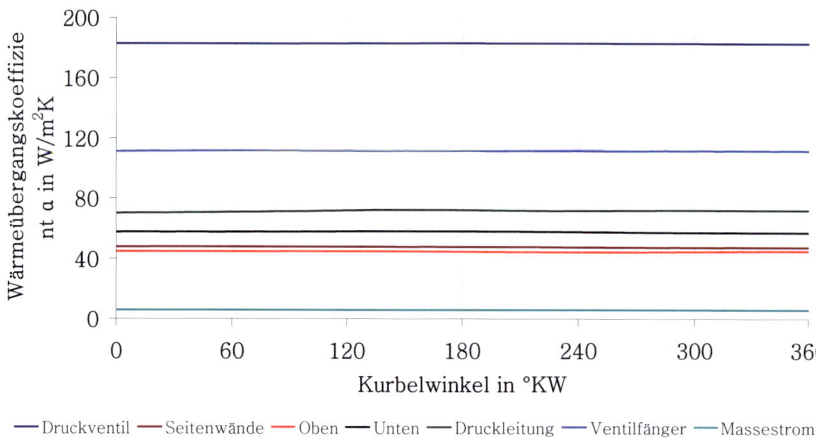

Wärmestrom Druckkammer 2430 min^{-1}, „konstanter Massestrom“

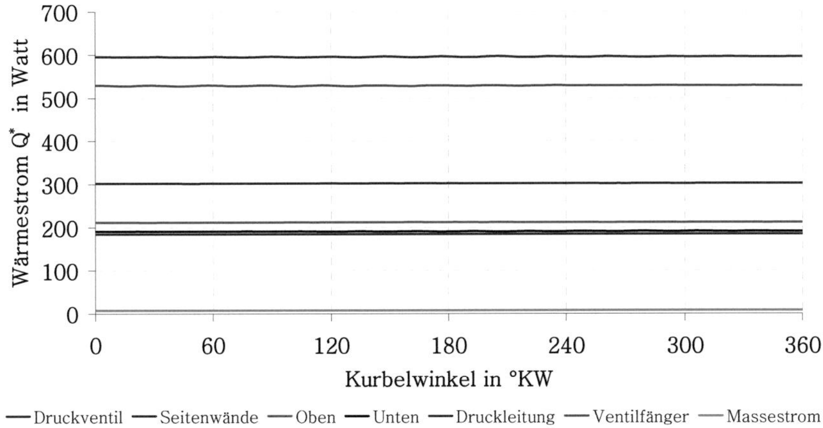

Wärmeübergangskoeffizient Druckkammer 2430 min^{-1}, „konstanter Massestrom“

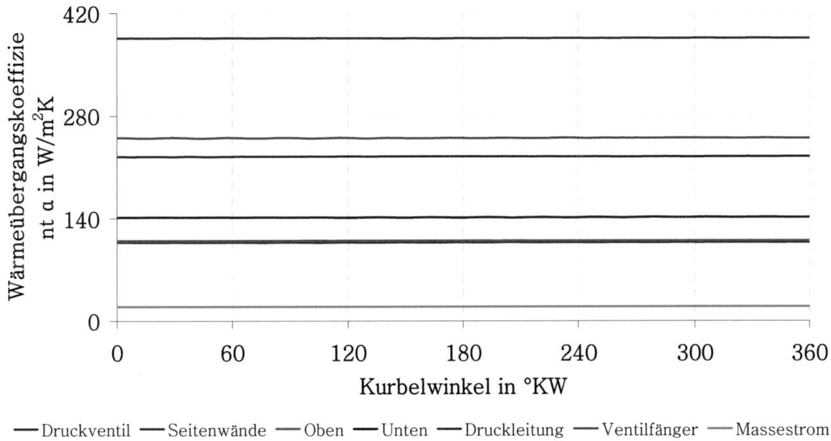

e) Wärmestrom und Wärmeübergangskoeffizient 750 und 2430 min^{-1} in der Druckkammer bei „verdrängtem Massestrom"

Wärmestrom Druckkammer 750 min^{-1}, „verdrängter Massestrom"

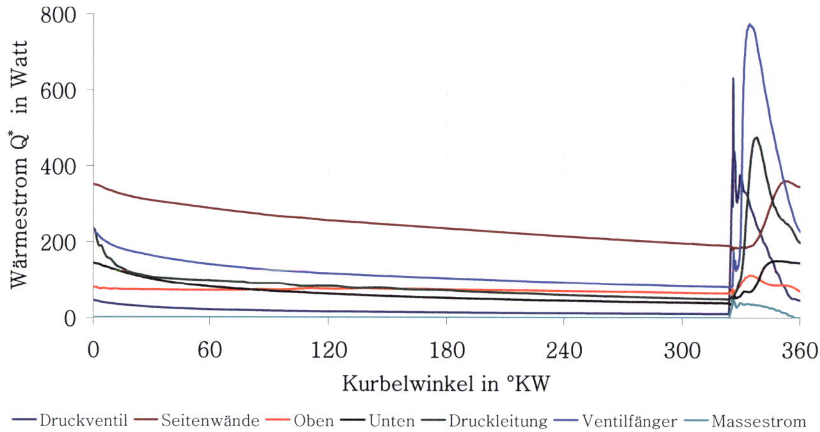

Wärmeübergangskoeffizient Druckkammer 750 min^{-1}, „verdrängter Massestrom"

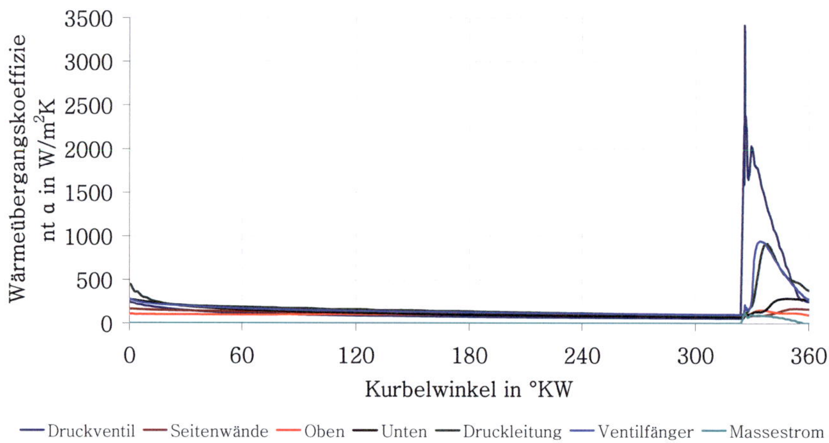

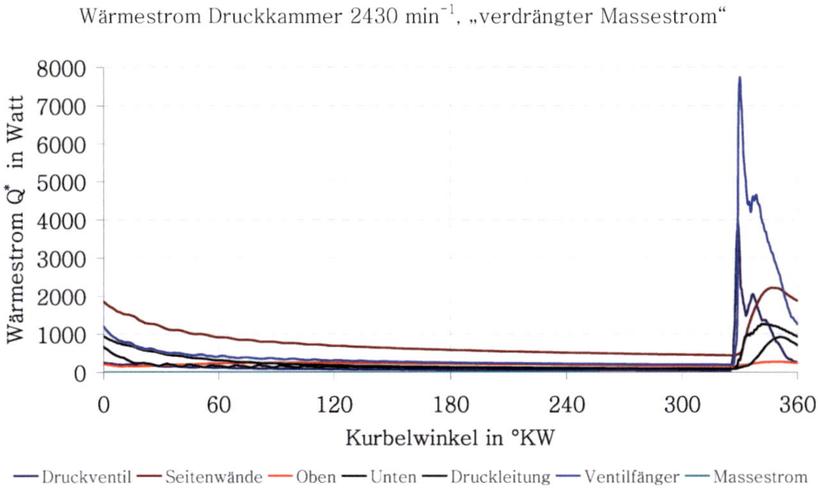
Wärmestrom Druckkammer 2430 min^{-1}, „verdrängter Massestrom“
Wärmestrom Q* in Watt
0
1000
2000
3000
4000
5000
6000
7000
8000
0
60
120
180
240
300
360
Kurbelwinkel in °KW
Druckventil
Seitenwände
Oben
Unten
Druckleitung
Ventilfänger
Massestrom

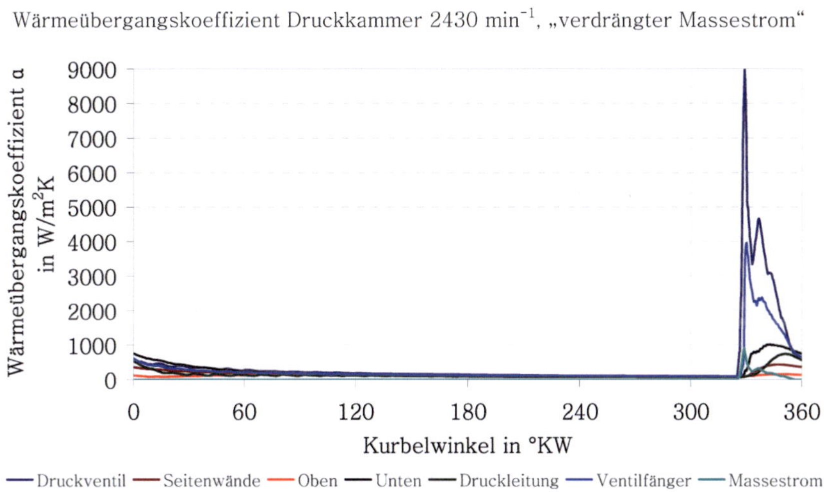
Wärmeübergangskoeffizient Druckkammer 2430 min^{-1}, „verdrängter Massestrom“
Wärmeübergangskoeffizient α in W/m²K
0
1000
2000
3000
4000
5000
6000
7000
8000
9000
0
60
120
180
240
300
360
Kurbelwinkel in °KW
Druckventil
Seitenwände
Oben
Unten
Druckleitung
Ventilfänger
Massestrom

f) Wärmestrom und Wärmeübergangskoeffizient 750 und 2430 min^{-1} in der Druckkammer bei „pulsierendem Massestrom“

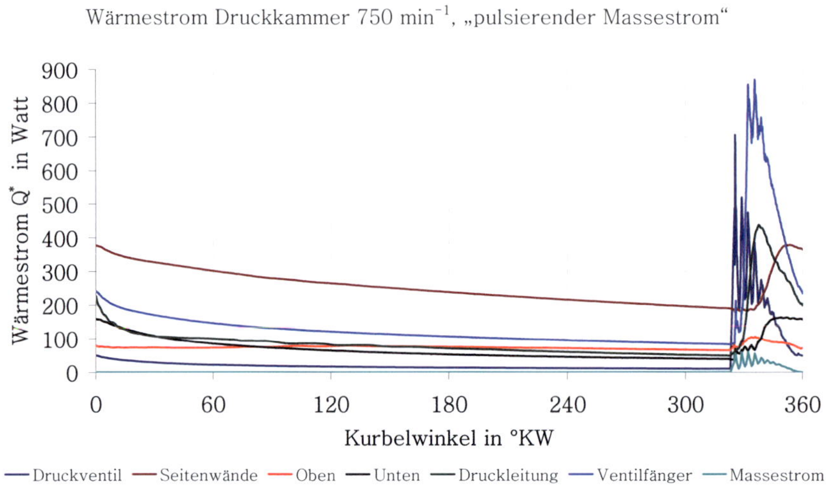

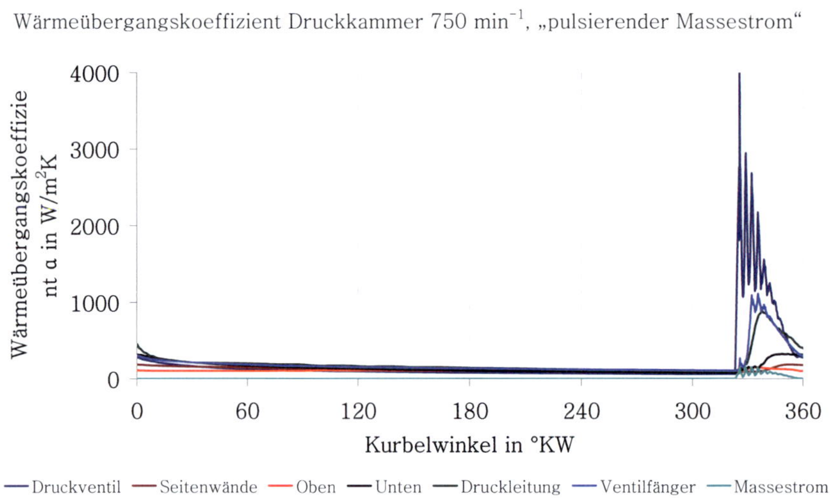

Wärmestrom Druckkammer 2430 min^{-1}, „pulsierender Massestrom“

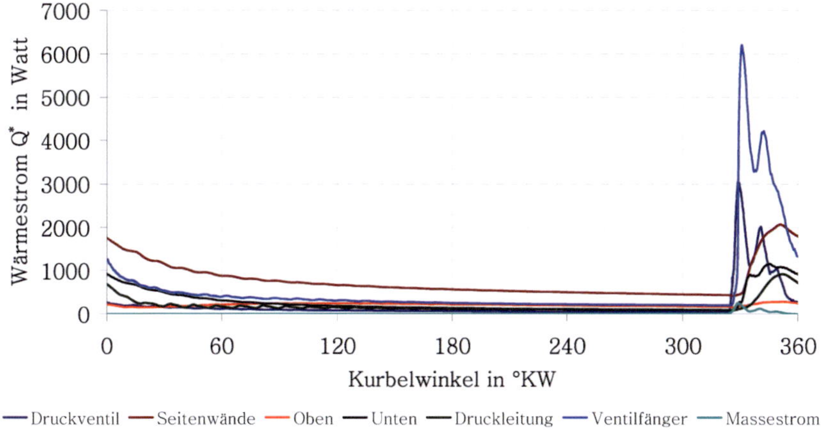

Wärmeübergangskoeffizient Druckkammer 2430 min^{-1}, „pulsierender Massestrom“

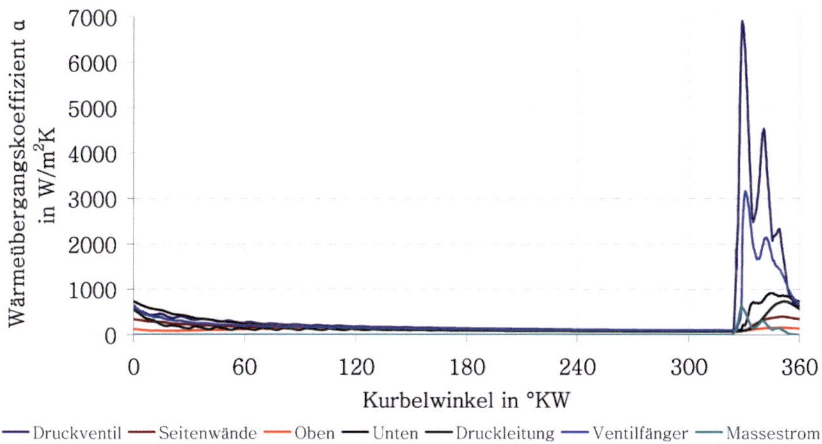

Zeitgemittelte Ergebnisse der Strömungssimulation

Saugkammermittelwerte 750 min^{-1}						
	Wärmestrom in W			Wärmeübergangskoeffizient in $W \cdot m^2 \cdot K^{-1}$		
	stationär	ideal	flattern	stationär	ideal	flattern
Saugstutzen a)	10,6	9,5	9,4	75,0	65,2	64,8
Kammerdeckel b)	5,2	6,0	5,8	40,8	45,4	43,9
Kammerseiten c)	25,9	28,8	29,1	45,9	49,5	50,3
Ventilplatte d)	10,0	10,1	10,3	76,9	75,2	76,6
Saugventil e)	8,7	8,0	8,3	78,9	70,7	73,0

Tabelle 19: Gemittelte Ergebnisse des Wärmestromes und des Wärmeübergangskoeffizienten für 750 min^{-1} der Saugkammer

Saugkammermittelwerte 2430 min^{-1}						
	Wärmestrom in W			Wärmeübergangskoeffizient in $W \cdot m^2 \cdot K^{-1}$		
	stationär	ideal	flattern	stationär	ideal	flattern
Saugstutzen a)	36,2	47,2	48,7	107,2	139,6	144,6
Kammerdeckel b)	27,1	33,6	35,3	88,5	109,3	115,3
Kammerseiten c)	128,5	163,8	171,7	95,3	121,1	127,4
Ventilplatte d)	44,1	53,0	51,9	141,5	169,5	166,6
Saugventil e)	42,8	43,2	43,8	162,1	163,4	166,2

Tabelle 20: Gemittelte Ergebnisse des Wärmestromes und des Wärmeübergangskoeffizienten für 2430 min^{-1} der Saugkammer

Druckkammermittelwerte 750 min^{-1}						
	Wärmestrom in W			Wärmeübergangskoeffizient in $W \cdot m^2 \cdot K^{-1}$		
	stationär	ideal	flattern	stationär	ideal	flattern
Druckventile a)	30,9	35,0	36,3	182,7	189,1	205,5
Ventilplatte b)	27,6	68,3	71,2	57,7	130,7	142,7
Ventilfänger c)	83,7	148,7	153,4	111,5	181,2	195,9
Kammerseiten d)	93,7	249,6	256,4	47,7	116,1	125,0
Kammerdeckel e)	30,4	74,1	74,9	44,6	99,3	105,1
Druckstutzen f)	34,1	98,9	98,9	71,7	189,9	199,0

Tabelle 21: Gemittelte Ergebnisse des Wärmestromes und des Wärmeübergangskoeffizienten für 750 min^{-1} der Druckkammer

Druckkammermittelwerte 2430 min^{-1}						
	Wärmestrom in W			Wärmeübergangskoeffizient in $W \cdot m^2 \cdot K^{-1}$		
	stationär	ideal	flattern	stationär	ideal	flattern
Druckventile a)	184,5	198,5	198,7	385,6	450,1	449,2
Ventilplatte b)	191,2	295,1	282,2	141,5	237,0	225,9
Ventilfänger c)	528,7	609,4	594,5	249,2	311,6	303,0
Kammerseiten d)	595,3	807,4	768,0	107,2	157,7	149,5
Kammerdeckel e)	211,5	211,1	208,4	109,6	118,7	116,8
Druckstutzen f)	301,9	184,0	184,6	224,2	148,3	148,3

Tabelle 22: Gemittelte Ergebnisse des Wärmestromes und des Wärmeübergangskoeffizienten für 2430 min^{-1} der Druckkammer

Anhang D: Temperaturfeldberechnung

	750 min^{-1}				2430 min^{-1}		
Wärmeübergangs-koeffizient	Berechnet W·m^{-2}·K^{-1}	+/- %	Rechnung W·m^{-2}·K^{-1}		Berechnet W·m^{-2}·K^{-1}	+/- %	Rechnung W·m^{-2}·K^{-1}
Arbeitsraum	1057,9	-75	264,4		671,3	-67,8	216,1
Umgebung	13,7	-	13,7		15,7	-	15,7
Kühlmittelkanal	3061	-	3061		3061	-	3061

Tabelle 23: Vorgabe Wärmeübergangskoeffizienten unabhängig von Variation der Wärmeübergangskoeffizienten im Festkörpermodell

	Zylinder	Kolben	Ventilplatte	Zylinderkopf
Wärmekapazität c in J·kg^{-1}·K^{-1}	460 (bei 200°C)	890 (bei 20°C)	520 (bei 200°C)	880 (bei 20°C)
Wärmeleitfähigkeit λ in W·m^{-1}·K^{-1}	47,5 (bei 200°C)	136 (bei 200°C)	54,4 (bei 200°C)	115 (bei 20°C)
Dichte ρ in kg·m^{-3}	7200	2680	7850	2750
Material	GG 25	AlSi12CuNiMg	11SMn30	AlSi9Cu3(Fe)
Abmessungen in mm	130x130x100 (LxBxH)	100x50 (DxH)	131x136x11 (LxBxH)	152x138x70 (LxBxH)

Tabelle 24: Verdichterbauteile – und Abmessungen sowie Stoffdaten nach Angaben der Hoerbiger Kompressortechnik GmbH, Schongau

	α flächengemittelt 750min^{-1}				α flächenspezifisch 750 min^{-1}		
Wärmeüber-gangskoeffizient	Berechnet W·m^{-2}·K^{-1}	+/- %	Rechnung W·m^{-2}·K^{-1}		Berechnet W·m^{-2}·K^{-1}	+/- %	Rechnung W·m^{-2}·K^{-1}
Druckventile a)	146,5	-	146,5		205,5	20	246,6
Ventilplatte b)	146,5	-	146,5		142,7	20	171,2
Kammerseiten d)	146,5	-	146,5		125,0	24,25	155,3
Kammerdeckel e)	146,5	-	146,5		105,1	20	126,1
Druckstutzen f)	146,5	-	146,5		199,0	-20	159,2
Saugstutzen a)	57,0	- 34	37,6		64,8	-20	51,8
Kammerdeckel b)	57,0	- 34	37,6		43,9	-	43,9
Kammerseiten c)	57,0	- 34	37,6		50,3	-10	45,3
Ventilplatte d)	57,0	- 34	37,6		76,6	-20	61,3
Saugventil e)	57,0	- 34	37,6		73,0	-20	58,4
Temperatur	in °C						
Umgebung	22,3						
Druckkammer	170,9						

Saugkammer	85,1
Kühlmittel	83,06
Arbeitsraum	146,02
Zylinder Vorgabe	99,7

Tabelle 25: Berechnungsvorgaben für Temperaturfeldberechnung bei 750 min^{-1}

Temperaturmess-stelle vgl. Abbildung 23	α flächengemittelt 750min^{-1}			α flächenspezifisch 750 min^{-1}		
	gemessen	ΔT	berechnet	gemessen	ΔT	berechnet
	°C	K	°C	°C	K	°C
Zylinder						
1	94,6	-0,3	94,9	94,6	-0,3	94,9
2	101,4	-0,4	101,8	101,4	-0,7	102,1
3	99,1	0,1	99,0	99,1	-0,1	99,2
4	105,5	0,9	104,6	105,5	1,0	104,5
Druckkammer						
5	109,2	-1,9	111,1	109,2	-2,1	111,3
6	118,9	-0,1	119,0	118,9	0,1	118,8
7	119,3	-3,7	123,0	119,3	-3,9	123,2
8	124,5	2,0	122,5	124,5	2,2	122,3
Saugkammer						
9	91,7	-2,2	93,9	91,7	-2,0	93,7
10	91,6	**-4,2**	95,8	91,6	**-4,1**	95,7
Ventilplatte						
11	109,6	0,3	109,3	109,6	0,8	108,8
Trennwand						
12	117,1	-2,1	119,2	117,1	-2,0	119,1
13	120,4	2,3	118,1	120,4	2,3	118,1
14	110,5	**4,2**	106,3	110,5	**4,1**	106,4

Tabelle 26: Berechnungsergebnisse für Temperaturfeldberechnung bei 750 min^{-1}

	α flächen-gemittelt 2430 min^{-1}			α flächen-spezifisch 2430 min^{-1}		
Wärmeübergangs-koeffizient	Berechnet	+/-	Rechnung	Berechnet	+/-	Rechnung
	$W \cdot m^{-2} \cdot K^{-1}$	%	$W \cdot m^{-2} \cdot K^{-1}$	$W \cdot m^{-2} \cdot K^{-1}$	%	$W \cdot m^{-2} \cdot K^{-1}$
Druckventile a)	189,2	20	227,0	449,2	60	718,7
Ventilplatte b)	189,2	20	227,0	225,9	60	361,4
Kammerseiten d)	189,2	20	227,0	149,5	62,5	242,9
Kammerdeckel e)	189,2	20	227,0	116,8	80	210,2
Druckstutzen f)	189,2	20	227,0	148,3	60	237,3
Saugstutzen a)	137,0	-29,1	97,1	144,6	0	144,6
Kammerdeckel b)	137,0	-29,1	97,1	115,3	40	161,4
Kammerseiten c)	137,0	-29,1	97,1	127,4	-20	101,92
Ventilplatte d)	137,0	-29,1	97,1	166,6	0	166,6
Saugventil e)	137,0	-29,1	97,1	166,2	0	166,2

Temperatur	in °C
Umgebung	22,3
Druckkammer	287,8
Saugkammer	89,7
Kühlmittel	87,6
Arbeitsraum	241,83
Zylinder Vorgabe	141,7

Tabelle 27: Berechnungsvorgaben für Temperaturfeldberechnung bei 2430 min^{-1}

Temperatur-messstelle vgl. Abbildung 23	α flächen-gemittelt 2430 min^{-1}				α flächen-spezifisch 2430 min^{-1}		
	gemessen	ΔT	berechnet		gemessen	ΔT	berechnet
	°C	K	°C		°C	K	°C
Zylinder							
1	122,9	3,5	119,4		122,9	2,9	120,0
2	138,9	-0,9	139,8		138,9	-3,5	142,4
3	131,1	0,8	130,3		131,1	-1,2	132,3
4	139,3	5,7	145,0		139,3	-5,3	144,6
Druckkammer							
5	166,7	-4,8	171,5		166,7	-6,7	173,4
6	195,6	3,3	192,3		195,6	2,1	193,5
7	201,7	-1,5	203,2		201,7	-3,7	205,4
8	203,9	3,0	200,9		203,9	1,8	202,1
Saugkammer							
9	112,4	-4,8	117,2		112,4	-3,7	116,1
10	112,6	**-9,7**	122,3		112,6	**-9,0**	121,6
Ventilplatte							
11	151,7	6,0	145,7		151,7	9,0	142,7
Trennwand							
12	177,6	-7,1	184,7		177,6	-7,6	185,2
13	186,8	5,9	180,9		186,8	5,4	181,4
14	162,9	**9,7**	153,2		162,9	**9,0**	153,9

Tabelle 28: Berechnungsergebnisse für Temperaturfeldberechnung bei 2340 min^{-1}